Sourabh S. Kamble
Dineshsingh S. Chauhan
B. R. Bhise

Efeitos ambientais no desempenho da lactação da búfala Murrah

Sourabh S. Kamble
Dineshsingh S. Chauhan
B. R. Bhise

Efeitos ambientais no desempenho da lactação da búfala Murrah

Vasantrao Naik Marathwada Krishi Vidyapeeth,
Parbhani (MS) Índia

ScienciaScripts

Imprint

Any brand names and product names mentioned in this book are subject to trademark, brand or patent protection and are trademarks or registered trademarks of their respective holders. The use of brand names, product names, common names, trade names, product descriptions etc. even without a particular marking in this work is in no way to be construed to mean that such names may be regarded as unrestricted in respect of trademark and brand protection legislation and could thus be used by anyone.

Cover image: www.ingimage.com

This book is a translation from the original published under ISBN 978-3-330-34699-4.

Publisher:
Sciencia Scripts
is a trademark of
Dodo Books Indian Ocean Ltd. and OmniScriptum S.R.L publishing group

120 High Road, East Finchley, London, N2 9ED, United Kingdom
Str. Armeneasca 28/1, office 1, Chisinau MD-2012, Republic of Moldova, Europe
Printed at: see last page
ISBN: 978-620-7-84686-3

ÍNDICE DE CONTEÚDOS

ABREVIATURAS

$^{\circ}C$	=	Degree centigrade
Hrs	=	Hours
Hum.	=	Humidity
Km/hrs	=	Kilo meter per hours
Lit	=	Liters
Max.	=	Maximum
Min.	=	Minimum
RH	=	Relative humidity
Temp.	=	Temperature
THI	=	Temperature-Humidity-Index
THSI	=	Temperature-Humidity-Sunshine-Index

Reconhecimento

B.R. Bhise, que concebeu, pormenorizou e moldou o problema de investigação e forneceu a orientação adequada. As suas sugestões valiosas e a sua natureza cooperativa durante o curso da presente investigação continuarão a encorajar-me para sempre na minha vida.

Expresso o meu profundo sentimento de gratidão ao Dr. K.P. Gore, Hon. Vice-Chanceler, ao Dr. V.S. Shinde, Diretor de Instrução e Reitor, Faculdade de Agricultura, M.A.U., Parbhani e ao Dr. N. D. Pawar, Reitor Associado e Diretor (P.G.), Faculdade de Agricultura, M.A.U., Parbhani, por terem proporcionado as facilidades para completar a minha pós-graduação.

Expresso os meus sinceros e inequívocos agradecimentos ao Dr. K.R. Mitkari, Chefe do Departamento de Pecuária e Ciência dos Lacticínios, ao Dr. A.N. Kulkarni, Professor Associado, ao Dr. A.T. Shinde, Professor Associado, Departamento de Pecuária e Ciência dos Lacticínios, M.K.V., Parbhani e ao Prof. Meteorology, M.K.V., Parbhani, os membros do meu comité consultivo.

Gostaria de agradecer a todos os professores e outros funcionários pela sua ajuda direta e indireta durante este estudo, especialmente ao Sr. Chauhan, ao Sr. Narawade e a outros funcionários do Departamento de Criação de Animais e Ciência dos Produtos Lácteos, M.K.V., Parbhani.

Frindship is a pleasant experience most of all my warm and special thank to my friends Keshav, Amol, Atlya, Shrikant, Marotya, Sunya, Avya, daya, Amlya, Rupesh, V.D. Patil, V.D. Shinde, Sushilkumar Mote, Lakhan, Amlya, Master, Rahulya (Mama), Dada, Amya, Budhya, Vishnu, Kishor, Chandu, Anil, Nitesh, Anjanee, Vinya, Vishalya, Sandhya[2] , jaypal, Dheeraj e outros que me ajudaram direta ou indiretamente durante o período da minha vida universitária.

É com grande entusiasmo que exprimo os meus sinceros agradecimentos aos meus amigos mais velhos, Sr. Paul, Sr. Naik e Sr. Nalawade, por me terem ajudado a concluir este estudo, pelo encorajamento contínuo e pela cooperação durante a minha carreira académica.

As palavras são insuficientes para exprimir o meu sentimento em relação aos meus pais. Expresso os meus agradecimentos aos membros da minha família Ajoba Late. Ganpatrao Kamble (Baba), Aajee Late. Bhagirathi Kamble, Pai Shri. Shivaji G. Kamble (Pappa), Mãe Sau. Madhumalti S. Kamble (Aai), os meus irmãos Shri. Chandramohan (Bhavya), Harshwardhan (Mestre), Irmã Mrugpallavi (Moni), Tungbhadra, Vahini Sau. Meena C. Kamble e os meus familiares pelas suas bênçãos e inspiração.

Gostaria de expressar a minha gratidão a Shri. Vishnu e Tukaram Shinde por dactilografarem e editarem o manuscrito de forma diligente e precisa durante as horas estranhas do dia.

Local : PARBHANI   **(KambleS.S)**
Data : / /2011

CAPÍTULO I

INTRODUÇÃO

A produção leiteira indiana tem características invulgares quando comparada com as suas congéneres no mundo. A criação de animais é parte integrante da criação de culturas, a produção de leite não é uma atividade separada, mas um subsistema de todo o sistema agrícola, pelo que 80% do gado é propriedade de pequenos agricultores e de agricultores marginais e, para estes, o gado constitui uma importante fonte de sustento. Por conseguinte, a produção leiteira indiana é considerada uma atividade sustentável que desempenha um papel importante na economia nacional e no desenvolvimento socioeconómico do país. A produção animal constitui cerca de 30% da produção agrícola do país. De acordo com o recenseamento dos efectivos pecuários de 2006, a Índia possui o maior efetivo pecuário do mundo, a seguir ao Brasil. Representa 14% da população bovina e 57% da população de búfalos.

O sistema de produção pecuária na Índia baseia-se sobretudo em agro-produtos de baixo custo e em tecnologias tradicionais, principalmente para a produção de leite, força de tração, carne e fibras, etc. A Índia possui 13% da população mundial de gado (1st rank), 55% da população mundial de búfalos (1st rank), 16% da população mundial de bovinos (1st rank), 20% da população mundial de cabras (2nd rank) e 5% da população mundial de ovelhas (4th rank). Com a ajuda da riqueza acima referida, a Índia produz 114,4 milhões de toneladas de leite, ocupando a 1st posição no mundo. (Desai, 2010). A espécie búfalo é a espinha dorsal da produção leiteira indiana, pois contribui com mais de 55% do leite produzido no país. Chegou agora a altura de manter o desempenho da produção e da reprodução das raças de búfalos indianas sob as flutuações climáticas que ocorrem nos continentes tropical e subtropical da Índia.

Atualmente, estamos a assistir a alterações no clima global da Terra. Os riscos climáticos associados ao aquecimento global estão a aumentar de dia para dia. Observações recentes revelam um aumento da temperatura, dias quentes, noites quentes e ondas de calor, um aumento da frequência de fenómenos de precipitação intensa, um aumento do derretimento da neve e uma subida do nível do mar de 0,18 a 0,59 (Pathak, 2010), alterações na distribuição sazonal da precipitação nas várias regiões, efeitos do aquecimento que deslocarão a zona climática e o padrão de precipitação, são alguns exemplos de extremos climáticos (Ghadekar, 2005). A saúde e a produtividade dos animais estão em estreita interação com o ambiente em que se desenvolvem. Os factores térmicos são componentes importantes do ambiente físico, pois são diretamente responsáveis pelo conforto dos animais e incluem a temperatura ambiente, a humidade, o movimento do ar, a radiação solar e a precipitação. Há vários factores ambientais que influenciam a capacidade de produção dos animais (Singh e mishra, 2007).

A vida animal tem uma luta constante contra as forças da natureza e uma força importante é o clima. O clima afecta os animais, quer diretamente, com expressão na sua função sistemática, quer indiretamente, regulando a disponibilidade de nutrientes. As alterações da situação climática prevalecentes nas diferentes estações, em especial a temperatura e a humidade ambiente elevadas, afectam todas as funções produtivas dos animais. A situação de stress é o principal obstáculo para que qualquer animal possa exibir o seu potencial.

O stress térmico resulta da incapacidade dos animais para dissipar calor suficiente para manter a homeotermia. A temperatura ambiente elevada, a humidade relativa e a energia radiante comprometem a capacidade do animal de dissipar o calor. Como resultado, há um aumento da temperatura corporal, que é um termo que inicia um mecanismo compensatório e adotivo para estabelecer a homeotermia e a homeostase. Estes reajustamentos, geralmente designados por adaptações, podem ser favoráveis ou desfavoráveis aos interesses económicos dos agricultores, mas são essenciais para a sobrevivência dos animais.

A zona de conforto ou de termoneutralidade é descrita como o intervalo de temperatura ambiental no qual não são feitas exigências aparentes aos mecanismos fisiológicos de termoregulação (Schein e Hafez, 1969). Esta gama de temperaturas vai de 2 a 21° C para *Bos taurus* e de 10 a 27° C para *Bos indicus* , mas os búfalos são mais sensíveis do que os bovinos à radiação solar direta e à temperatura ambiente elevada. Há várias razões para este facto.

1)   A cor escura do corpo absorve bem o calor quando os animais são expostos à luz solar.

2)   O número relativamente reduzido de glândulas sudoríparas por unidade de área de pele, o que é desfavorável a uma elevada perda de calor por transpiração.

3)   A camada epidérmica espessa da pele, que protege contra a perda de calor por condução

e radiação.

A produção de leite das búfalas é afetada negativamente pelo aumento da temperatura durante o verão e também pelo declínio acentuado da temperatura no inverno. A temperatura elevada causa stress devido ao aumento da carga térmica do corpo e à baixa dissipação de calor da superfície do corpo. A elevada carga térmica das búfalas em lactação reduz a sua produção de leite, com um período de lactação mais curto (Upadhyay *et al*, 2007).

Marathwada, uma região do estado de Maharashtra, é caracterizada por um verão quente e seco e um inverno moderadamente fresco. Esta região pertence à zona de precipitação garantida, com uma precipitação média de 885 mm em cerca de 57 dias. Assim, espera-se que os agricultores desta região criem os seus animais neste contexto climático. Os criadores da região de Marathwada estão a criar raças locais bem adaptadas e raças de búfalos de alta produção, mas, devido às alterações climáticas, estão a enfrentar problemas não só nas características reprodutivas, mas também no desempenho produtivo. Tendo em conta o contexto ambiental, o principal objetivo deste estudo é identificar o índice de temperatura-humidade mais adequado para que os búfalos tenham um melhor desempenho, bem como medir as perdas na produção de leite. Por conseguinte, os estudos sobre os parâmetros climáticos que influenciam a produção de leite foram realizados com os seguintes objectivos

1)   Avaliar o Índice de Temperatura-Humidade (THI) com a produção de leite e a duração da lactação.

2)   Estudar o efeito de diferentes factores ambientais no pico de produção de leite.

3)   Estudar o efeito do período de parto na duração da lactação e no rendimento da lactação.

Espera-se que as conclusões do presente estudo ajudem os agricultores e os produtores de leite da região de Marathwada a introduzir algumas alterações possíveis na gestão, a fim de proporcionar uma zona de conforto para uma melhor produção de leite.

CAPÍTULO II

REVISÃO DA LITERATURA

O desempenho produtivo e reprodutivo dos búfalos depende de caracteres genéticos e não genéticos. Os caracteres não genéticos incluem o maneio, a cobertura sanitária e os factores climatológicos em que os animais apresentam o seu desempenho. O clima é uma combinação de vários elementos, como a temperatura ambiente, a humidade, o índice de temperatura-humidade (THI), a radiação solar, a precipitação e a velocidade do vento.

Os investigadores estudaram em profundidade o efeito de diferentes factores, incluindo o clima, sobre as características produtivas dos animais leiteiros em diferentes partes do mundo. O trabalho de investigação anterior realizado sobre estes aspectos pelos investigadores é analisado neste capítulo, tendo em conta os seguintes parâmetros.

2.1. Índice de Temperatura-Humidade (THI) com a produção de leite e a duração da lactação

Hahn e Osbum (1969) estudaram a relação entre o stress térmico e o THI no que diz respeito à produção de leite. Foi relatado que a produção de leite em gado leiteiro diminuiu com o stress térmico, que estava relacionado com o THI.

Ingraham *et al.* (1979) estudaram o efeito sazonal do clima tropical na produção de leite, quando as vacas foram mantidas em galpão e sem galpão durante o período experimental. Os valores médios de THI para setembro e dezembro foram 70 e 75. Além disso, eles observaram que a produção média diária de leite de vacas sob sombra e sem sombra era de 18,5 kg e 14,5 kg, respetivamente, e a diferença era significativa.

Thomas e Acharya (1981) descobriram que o THI tinha uma grande influência negativa nas médias de ordenha. Eles criaram um novo índice, o Índice de Temperatura-Humidade-Sol (THSI) e explicaram que o número de meses com THSI superior a 75 afecta em maior grau as médias de leite entre lactações em cruzamentos *Bos indicus* x *Bos Taurus*.

Sharma *et al.* (1983) quantificaram as variações na produção de leite devido a efeitos genéticos e climáticos. A temperatura máxima, a temperatura mínima, a humidade relativa e a radiação solar foram responsáveis por uma parte significativa da variabilidade em todas as características, variando de 1,2 a 14,5 % em vacas holandesas puras.

Shinde (1984) relatou uma correlação negativa significativa do THI com a produção de leite por dia em vacas cruzadas da raça Pardo-Suíça e Holstein Frísia no norte da Índia.

Kundu e Bhatnagar (1985) relataram que as mudanças no THI modificaram o desempenho de vacas Karan Swiss. Foi observado que as médias mensais de ordenha caíram 1 kg para cada aumento de 3,06 no valor do THI acima de 70,3.

Shinde *et al.* (1990) verificaram que os coeficientes de regressão entre a produção de leite e as variáveis meteorológicas, como a temperatura e a humidade, e os índices climáticos derivados, como o THI e o THSI, eram todos negativos e significativos. O autor enumerou ainda que a variação de 7 a 36% na produção de leite era afetada pela temperatura e pela humidade do que pela temperatura de 4 a 11%, pela humidade de 0,1 a 11% e pelo THI de 2 a 16% apenas.

Singh *et al.* (1992) estudaram o THI e seu efeito na produção de leite de búfalas surti. O THI pareceu ser mais elevado de janeiro a junho (57,26 a 83,94), tendo o coeficiente de correlação e regressão sido de 0,8134 e 11,7056, respetivamente. A média do leite em relação ao THI foi altamente significativa. O que indicou que a perda na produção média de leite das búfalas Surti em lactação estava relacionada com o THI. A produção média mensal de leite diminuiu 1 kg por cada aumento de 11,7 valores acima de 70,33 valores de THI.

Kale e Basu (1993) estudaram o efeito de duas estações: quente e húmida (março a outubro) e fria e húmida (novembro a fevereiro) na produção de leite de vacas de raça cruzada. A regressão da temperatura média diária sobre a produção média diária de leite não foi significativa. Entre todos os factores climáticos, a temperatura mínima foi considerada a única fonte importante de variação na produção de leite. Comparativamente, as vacas cruzadas Jersey foram mais sensíveis à variação da temperatura do que as vacas cruzadas Holstein.

Singh *et al.* (1997) estudaram o THI em raças exóticas. Referiram que, em raças exóticas, um valor de THI superior a 72 era considerado o ponto em que ocorria stress; um valor de THI superior a 69 alterava as medidas de desempenho do animal.

Bouraoui *et al.* (2002) efectuaram um ensaio no qual descobriram que o THI diário estava negativamente correlacionado com a produção de leite (r = -0,76) quando o valor do THI aumentou de 68-78, a produção de leite diminuiu 21% e 0,41 kg/vaca/dia por cada ponto de aumento nos valores do THI acima de 69.

Ravagnolo (2003) referiu que a temperatura máxima e a humidade mínima eram as variáveis mais críticas para quantificar o stress térmico e que ambas as variáveis eram facilmente combinadas num THI. A produção de leite diminuiu em 0,2 kg por unidade de aumento no THI quando o THI excedeu 72. Concluíram que o THI pode ser usado para estimar o efeito do stress térmico na produção.

Upadhyay *et al.* (2007) referiram que uma mudança súbita, ou seja, o aumento ou a diminuição da temperatura durante o verão e o inverno, afecta a produção de leite. Observou-se um declínio da temperatura mínima ($>3°$ C) durante o inverno e um aumento da temperatura máxima ($>4°$ C) durante o verão, em relação ao normal, e verificou-se que a mudança de temperatura afecta negativamente a produção de leite até 30% nas búfalas Murrah. Também se observou que o declínio na produção de leite variava de 10,30% em 1st lactação e de 5-20% em 2nd /3rd lactações e que o período de lactação das búfalas era encurtado em vários dias (3-7 dias), quando o THI era superior a 80.

Maraia e Haeebb (2009) referiram que as funções biológicas dos búfalos foram afectadas pelo stress térmico, que afecta cumulativamente o crescimento, a produção e os parâmetros reprodutivos.

2.2. Efeito de diferentes factores ambientais na produção diária de leite e no pico de produção de leite

Lange (1978) revelou que, durante o verão, a produção média diária do gado estava inversamente relacionada com a flutuação da temperatura média em comparação com a temperatura normal da estação. A queda na produção diária de leite/cabeça foi de 0,4 litros para o aumento da temperatura de 22,8 para 25,8° C .

Wang *et al.* (1985) tentaram estudar o desempenho de vacas da raça Black Pled na China sob temperaturas e humidade elevadas no verão e no outono. A temperatura variou entre 23 e 31,1° C e a humidade variou entre 82 e 84 por cento. O período de stress teve um efeito adverso na produção de leite. A produção de leite diminuiu consistentemente durante 3 meses e aumentou após o período de stress.

Shinde e Taneja (1986) referiram que a temperatura e a humidade explicavam a maior variação na produção diária de leite em animais de raça cruzada.

Kassim e Azar (1987) estudaram o desempenho da produção de leite de bovinos da raça frísia e frísia x Lid, colocando-os num abrigo e expondo-os depois à radiação solar direta. Verificou-se que a produção diária de leite diminuía significativamente quando as vacas eram expostas à radiação solar direta.

Shinde *et al.* (1990) examinaram o efeito de factores genéticos e não genéticos, juntamente com variáveis climáticas como a temperatura e a humidade, na produção diária de leite em várias fases da primeira lactação em bovinos de raça cruzada. Efectuaram o estudo com 140 Karan fries e 192 Karan Swiss, utilizando dados de 1979 a 1981. A produção de leite por dia em vários estádios diminuiu de abril/maio a agosto/setembro e depois notou-se uma tendência ascendente. A regressão da temperatura e da humidade mensais sobre a produção de leite por dia não foi significativa em todas as fases, exceto o efeito da temperatura, que foi significativo na fase 10th .

Gujar *et al.* (1992) estudaram o efeito das horas de sol no desempenho da produção de leite em vacas Kankrej. Eles relataram que as horas de sol tinham um efeito negativo não significativo na média diária de leite.

Yadav e Rathi (1992) obtiveram um efeito significativo da estação do parto no pico de produção em vacas de Haryana. As vacas paridas em março e outubro tiveram um valor mais elevado (8,50 + 0,16 kg) para o pico de produção de leite do que as vacas paridas noutras estações.

Jadhao *et al.* (1996) estudaram os fatores que afetam a produção diária de leite de vacas mestiças em Leh (Ladakh). A produção diária de leite (6,45 ± 0,19) foi comparativamente maior no início do verão do que no início e no final do inverno.

Kulkarni *et al.* (1998) observaram que a temperatura máxima média teve um efeito significativo positivo na produção de leite durante os primeiros 60 dias de lactação em vacas de raça cruzada, enquanto a humidade máxima média teve um efeito significativo altamente negativo na produção média diária de leite de 2nd a 60th dia e a relação entre as horas de sol e a produção diária de leite foi positivamente não significativa.

Chaudhry *et al.* (2000) referiram que as búfalas paridas no inverno (11,1 + 0,18 kg) tinham geralmente um pico de produção mais elevado do que as paridas no verão (10,6 + 0,17 kg). O pico de produção na 1st lactação foi em média de 9,8 + 0,55 kg e atingiu o valor mais elevado de 11,6 + 0,44 kg na 4th lactação, tendo diminuído a partir daí.

Mandal *et al.* (2002) referiram que a temperatura máxima e mínima e a humidade relativa afectam significativamente a dinâmica da produção diária total de leite em vacas de raça cruzada.

2.3.   Efeito do período de parto no rendimento da lactação e na duração da lactação

Tomar e Tomar (1960) verificaram que as búfalas murrah paridas nos meses de fevereiro a maio produziam mais lactação do que as paridas nos restantes meses.

Das e Balaine (1980) observaram que as vacas de Haryana que pariram na primavera e no inverno têm rendimentos mais elevados e uma duração de lactação mais longa do que as que pariram no outono e no verão.

Biswas *et al.* (1986) observaram um efeito combinado significativo da paridade, do período e da estação do parto sobre a produção semanal de leite no gado Sahiwal. A produção semanal de leite aumentou de 66,5 kg em 1st semana para 86,9 kg em 5th semana. Verificou-se que as vacas paridas de dezembro a maio tinham uma produção de leite significativamente mais elevada.

Bhambure e Dave (1989) relataram que a produção de leite em vacas kankrej não foi significativamente afetada pelo período de parto (4 períodos), estação do parto ou idade ao 1st parto.

Singh *et al.* (1993) registaram estimativas muito baixas da produção total de leite de 1st lactação de búfalas Bhadawari (699,3 ± 48,2 kg) com base em 99 observações e também observaram que apenas o período de parto influenciou significativamente a produção total de leite de 1st lactação.

Thalkari *et al.* (1995) verificaram que a época do parto não tinha efeitos significativos sobre a produção e a duração da lactação nas meias-raças Holstein Frísia x Deoni e Jersey x Deoni.

Tekerli *et al.* (2001) observaram que a época de parto tem um efeito significativo (P<0,05) no dia do pico de produção em búfalas da Anatólia na Turquia.

Bajwa *et al.* (2004) descobriram que o ano do parto e a estação do parto afectaram significativamente (P < 0,01) a produção de leite do gado sahiwal. O parto de inverno produziu mais leite (1546 kg) do que o parto de verão (1362 kg).

Thokal *et al.* (2004) estudaram o efeito da época de parto no desempenho produtivo de búfalas "Purnathadi". Os partos das búfalas não se distribuíram igualmente por todos os meses do ano. No entanto, o número máximo de partos ocorreu na estação das chuvas, seguido do inverno e do verão. Também se observou que as búfalas "Purnathadi" paridas durante a estação do verão, especialmente no mês de fevereiro, tinham a maior duração de lactação (321 dias), o período seco (249 dias) e a maior produção de leite (1205,07 litros) por lactação.

Hussain *et al.* (2006) examinaram o desempenho de búfalas Nili-Ravi mantidas em Muzzafferabad durante 1989-2003 e encontraram factores ambientais que afectam a produção de leite aos 305 dias, a duração da lactação e o período seco. A média dos mínimos quadrados para a produção de leite aos 305 dias foi de 2191,858 + 35,55 kg. O efeito do período de parto e da paridade foi significativo (P < 0,001) sobre a caraterística. A média dos mínimos quadrados para a duração da lactação foi de 369,53 + 8,44 dias.

Afzal *et al.* (2007) observaram que a estação do parto tinha um efeito significativo na produção de leite das búfalas Nili-Ravi. As búfalas paridas na primavera apresentaram a maior produção de leite do que as paridas no verão.

Hyder *et al.* (2007) revelaram que a produção de leite em lactação foi influenciada pelo mês do parto em búfalas Nili-Ravi (P < 0,01). As búfalas paridas entre janeiro e fevereiro produziram melhores lactações do que as paridas nos outros meses.

Bufano *et al.* (2006) observaram que a produção diária de leite e a duração da lactação durante todo o período (1997-2000) foram maiores (P < 0,01) em búfalas paridas do inverno à primavera do que aquelas paridas do verão ao outono, ou seja, 9,11 kg Vs 8,55 kg e 275 dias Vs 258 dias, respetivamente.

Anwar *et al.* (2009) estudaram os parâmetros da curva de lactação em búfalas Nili-Ravi. A análise incluiu um fator de escala associado à produção no início da lactação (a), às inclinações (b) e ao declínio (c) antes e depois do pico de produção. O efeito do período de parto nos parâmetros a e c foi altamente significativo (P < 0,001), enquanto b não foi significativo.

Javed *et al.* (2009) observaram que as búfalas Nili-Ravi paridas durante o inverno produziam o máximo (1821 ± 23,43 kg), enquanto as paridas no verão produziam o mínimo (1712 ± 19,83 kg) de leite. Em geral, as búfalas paridas durante o inverno e a primavera produziram o máximo de leite, aparentemente devido à baixa temperatura ambiente, e as paridas no verão, por outro lado, produziram pouco leite. Embora as búfalas parissem durante todo o ano, o número máximo de partos ocorreu durante o verão (44%) e o outono (37%) e apenas uma pequena proporção (19%) durante o resto do ano (primavera, 5% e inverno 14%).

CAPÍTULO III

MATERIAIS E MÉTODOS

O presente estudo foi realizado com o objetivo de obter variáveis meteorológicas que afectam o desempenho produtivo dos búfalos e de desenvolver equações de regressão adequadas entre essas variáveis e as características produtivas. Para o efeito, foram utilizados os seguintes dados com diferentes métodos normalizados.

Programa de trabalho de investigação :

3.1.   Localização

3.1.1.   Dados geográficos

O presente estudo, intitulado "Impacto dos parâmetros climáticos na produção de leite em búfalas", foi efectuado na Universidade Agrícola de Marathwada, Parbhani. Os dados sobre a produção de leite de búfalas Murrah foram obtidos na exploração leiteira do Department of Animal Husbandry and Dairy Science, College of Agriculture, Parbhani. Esta exploração está situada a 19º 16' de latitude norte e 76º 74' de latitude leste e 409 metros acima do nível médio do mar.

3.1.2.   Situações agro-climáticas

O clima da região insere-se numa zona subtropical e com precipitação garantida, com uma precipitação média de 885 mm em cerca de 57 dias. Normalmente, o verão é quente e a secura geral persiste durante todo o ano, exceto durante a monção do sudoeste. Com base nas tendências mensais dos atributos climáticos, um ano pode geralmente ser dividido em três estações: monção (junho-setembro), inverno (outubro-janeiro) e verão (fevereiro-maio). Cerca de 85% da precipitação é recebida na *kharif*, de junho a setembro, e o restante durante a *rabi*. Ocasionalmente, registou-se uma precipitação muito baixa durante o mês de maio e também na junção dos meses de novembro e dezembro.

3.1.3.   Estado do solo

O solo da localidade é uma terra preta de algodão de "Regur". A região é essencialmente de terra preta com erosão de ravinas, superfície irregular seguida de pequenos riachos e cursos de água emendados. É uma zona relativamente rica e profunda. O solo é rico em nutrientes para as plantas. Incha e torna-se pegajoso quando é molhado pelas chuvas e desenvolve várias fissuras quando fica seco no verão. A textura e a profundidade variam muito de um sítio para outro.

3.2.   Gestão do efetivo pecuário

A rotina diária de trabalho na fazenda para animais leiteiros geralmente começa às 5:00 da manhã. Os animais eram ordenhados por volta das 6 horas da manhã, depois de alimentados com uma mistura de concentrados. Os animais eram ordenhados à mão duas vezes por dia e a operação de ordenha era concluída em condições higiénicas. Os animais eram alimentados no estábulo com as quantidades necessárias de kadbi seco e verduras sazonais. A forragem de jowar foi a principal fonte de forragem seca durante todo o ano. Além disso, as verduras sazonais e as fontes perenes de forragem verde estavam disponíveis durante todo o ano. Por conseguinte, os animais recebem diariamente uma quantidade moderada de verduras como parte das forragens grosseiras e o saldo restante é compensado principalmente pelo kadbi de jowar e pelas gramíneas.

Os animais foram autorizados a beber água três vezes por dia e as búfalas foram autorizadas a fazer exercício e a pastar de manhã durante 2-3 horas. O leite foi registado após 5th dias do parto. O gado leiteiro é sempre alimentado individualmente. Para além disso, as práticas de gestão de rotina são seguidas na exploração, tais como operações de limpeza, corte de barba dos animais e cuidados de saúde ao longo do ano.

3.3.   Natureza dos dados

Esta exploração mantém um registo sistemático do efetivo de búfalas no que diz respeito à produção diária de leite, data do parto, duração da lactação, período seco e pico de produção de leite. Os dados das búfalas Murrah relativos aos caracteres acima referidos em diferentes estações do ano, no período de 1985 a 2009, provenientes da exploração leiteira da Escola Superior de Agricultura, são utilizados no presente estudo.

O observatório meteorológico do campus universitário está situado nas imediações da exploração leiteira. Os dados foram recolhidos em relação às seguintes observações.

1.   Temperatura ($^{\circ}$ C)

a.   Média mensal da temperatura máxima (°C).

b.   Média mensal da temperatura mínima (°C).

2.   Humidade relativa (RH)

a.   Humidade relativa média mensal de manhã.

b.   Humidade relativa média mensal ao fim da tarde.

3.   Média mensal de horas de sol.

4.   Média mensal da velocidade do vento Km/hr.

5.   Temperatura de bolbo húmido.

6.   Temperatura de bolbo seco.

Os dados sobre a produção de leite, a duração da lactação e o pico de produção são analisados em relação aos diferentes atributos climáticos sujeitos a coeficiente de correlação, regressão e análise de trajetória.

3.4.   Determinação do índice de temperatura e humidade (THI)

O climograma baseado na média mensal da temperatura e da humidade ambiente é normalmente utilizado para calcular o índice de diferenciação entre locais com base no ambiente físico. O índice que combina estes dois factores climáticos é o Índice de Temperatura e Humidade (THI), que é calculado da seguinte forma (Kadzere *et al.* 2003).

$$THI = 0,72 \ (dbt^\circ \ C + wbt^\circ \ C) + 40,6$$

Onde,

wbt = temperatura de bolbo húmido ($^\circ$ C)

dbt = temperatura de bolbo seco ($^\circ$ C)

3.5.   Análise estatística

Os dados sobre a produção de leite foram submetidos a uma análise estatística pelo método de correlação e análise de regressão indicado por Snedecor e Cocharan (1967). Após a avaliação da variabilidade, os dados foram submetidos ao estudo pelo método de correlação e análise de regressão.

3.5.2.   Análise de regressão

Foi efectuada uma análise de regressão linear simples para compreender a contribuição de diferentes variáveis independentes, como a temperatura (máxima e mínima) e a humidade (máxima e mínima),

horas de sol, velocidade do vento e Índice de Temperatura-Humidade (THI).

Assumir a relação simples entre variáveis independentes,

1) X_1 : Temperatura máxima

2) X_2 : Temperatura mínima

3) X_3 : Humidade máxima

4) X_4 : Humidade mínima

5) X_5 : Horas de sol

6) X_6 : Velocidade do vento

7) X_7 : Índice de Temperatura e Humidade (THI)

Com variáveis dependentes,

1) Y_1 : Rendimento de lactação da búfala Murrah

2) Y_2 : Duração da lactação da búfala Murrah

3) Y_3 : Pico de produção de leite da búfala Murrah

$$Y = a + b1x1 + b\,x_{22} + b\,x_{33} + b\,x_{44} + b\,x_{55} + b\,x_{66} + b\,x_{77} + uij$$

Onde,

y é a variável dependente
c é a variável independente
a é constante
b são os coeficientes de x e
uij é o termo de erro.

Na primeira fase, foi efectuado um método de análise de regressão por etapas com 7 variáveis climáticas e a combinação das variáveis que surgiram como significativas só foi considerada para a interpretação. Os atributos seleccionados e a análise de regressão são os seguintes

A variabilidade do modelo foi testada com a ajuda do coeficiente de determinação múltipla (R^2). A significância do R^2 foi testada com o teste "F" e a significância do coeficiente de regressão parcial individual foi testada com o teste "t" de Student.

3.7.3. Avaliação da contribuição de vários factores na produção

Os factores seleccionados para a análise de regressão foram utilizados para uma investigação mais aprofundada da relação de causa e efeito, direta e indiretamente. Deste modo, foi compreendida a quantidade de contribuição dos factores específicos para a variabilidade total. Os factores com variação inerente e os factores com variação adquirida puderam ser seleccionados de forma eficaz. Para tal, foi utilizada a técnica do coeficiente de caminho, tal como descrita por Singh e Chaudhry (1979).

3.7.4. Análise de trajetória

Foi efectuada uma análise de percurso para compreender o efeito de decomposição da correlação total em efeito direto e indireto. Os atributos climáticos seleccionados para a análise de regressão só foram submetidos à análise de percurso.

Foi avaliada a contribuição do X1 independentemente de cada um e através (indiretamente) da variação. As possibilidades foram aproveitadas para desenvolver normas. Os resultados foram tabulados e interpretados de forma adequada.

CAPÍTULO IV

RESULTADOS E DISCUSSÃO

Os resultados obtidos foram apresentados nas páginas anteriores.

4.1 Componentes do ambiente:

As variações nos componentes, juntamente com o Índice de Temperatura e Humidade do ambiente ao longo de 25 anos, foram tabuladas na Tabela 1.

Quadro 1. Variação das componentes do ambiente e dos diferentes índices no período 1985-2009

Sr. No.	Year	Max. Temp.	Min. Temp.	Max. Humidity	Min. Humidity	THI
1	1985	33.53	20.13	75.53	39.87	73.75
2	1986	33.43	19.33	74.97	40.97	72.80
3	1987	34.10	20.27	68.80	41.27	72.07
4	1988	33.30	20.20	67.50	38.77	71.47
5	1889	32.57	19.77	69.30	38.17	72.93
6	1990	34.77	19.58	71.30	37.07	72.37
7	1991	33.33	20.03	70.40	41.77	72.30
8	1992	34.90	19.63	70.17	39.80	73.57
9	1993	34.00	19.17	71.90	40.17	73.21
10	1994	34.06	19.67	70.00	40.33	72.13
11	1995	34.27	19.93	69.50	38.10	73.20
12	1996	32.53	20.53	70.03	38.10	73.10
13	1997	33.37	20.20	71.53	38.40	74.30
14	1998	33.57	20.27	72.90	40.60	74.83
15	1999	33.23	19.22	70.87	41.33	71.71
16	2000	33.60	19.03	69.96	39.83	73.67
17	2001	34.17	20.20	68.07	40.33	72.94
18	2002	34.70	19.83	71.33	38.77	72.47
19	2003	34.40	20.30	71.27	41.73	73.00
20	2004	34.30	19.93	70.13	40.37	72.60
21	2005	33.77	18.67	71.73	42.37	72.37
22	2006	34.00	19.43	73.60	42.80	73.10
23	2007	34.20	18.70	70.67	39.30	72.77
24	2008	34.70	19.03	70.00	40.70	71.93
25	2009	34.67	19.03	68.97	39.13	73.20

A Tabela 1 mostra que a temperatura ambiente máxima não apresentou uma grande magnitude de variação, mas a temperatura média mais elevada ($34,90^0$ C) foi registada no ano de 1992. Além disso, as diferenças na temperatura ambiente mínima não variaram significativamente entre os restantes anos, pelo que a tendência revelou que a temperatura ambiente mínima também foi constante ao longo do período de 25 anos. Por outro lado, houve uma variação significativa entre os anos no que diz respeito aos níveis máximos de humidade. Os níveis de humidade foram significativamente mais elevados durante os anos de 1985, 1986 e 2006, em comparação com os restantes anos. Os valores mais baixos do nível máximo de humidade foram registados em 1988 e 2001. Tendo em conta a temperatura ambiente e os níveis de humidade, pode dizer-se que o ambiente ao longo de 25 anos foi quente e seco, pelo que o desempenho dos búfalos observado no presente estudo tem de ser analisado sob este ângulo do ambiente.

Quadro 2: Médias mensais das componentes ambientais no período de 1985 a 2009

Months	Max. temp.	Min. temp.	Max. hum.	Min. hum.	Sunshine Hrs.	Wind velocity	THI
January	29.70	12.00	74.60	32.30	9.70	3.40	66.80
February	32.10	15.60	64.00	27.00	10.03	7.66	70.60
March	36.80	17.40	55.10	23.30	10.60	4.42	74.20
April	40.30	21.30	47.60	19.40	10.70	5.50	78.60
May	41.09	24.60	29.20	20.80	11.30	7.40	80.09
June	37.60	24.70	71.40	40.90	8.90	8.71	78.30
July	31.50	22.80	81.60	59.00	4.60	7.04	76.44
August	30.50	21.90	84.30	64.80	4.70	5.60	75.70
September	31.60	22.10	83.00	62.24	6.90	4.60	74.00
October	32.00	18.04	78.70	47.00	9.60	3.80	73.60
November	31.80	14.05	78.90	39.40	9.96	3.33	69.70
December	29.80	10.05	77.30	34.03	9.50	3.04	66.80

O quadro 2 mostra que o THI médio foi de 73,23, não excedendo o limite de 75. No entanto, em cada ano, o valor do THI acima de 75 foi registado durante um período de 5 meses, ou seja, de abril a agosto. Este valor foi mais elevado em maio, seguido de abril, quando a temperatura ambiente foi sempre mais elevada.

4.2 Época de parto:

A distribuição mensal do parto das búfalas Murrah é apresentada no quadro 3.

Sr. No.	Month and season of calving	No. of calving	Percentage
I]	**Rainy**		
1	June	19	5.01
2	July	20	5.28
3	August	29	7.65
4	September	51	13.46
	Total	119	31.40
II]	**Winter**		
1	October	48	12.66
2	November	56	14.78
3	December	29	7.65
4	January	36	9.50
	Total	169	44.59
III]	**Summer**		
1	February	33	8.71
2	March	29	7.65
3	April	14	3.69
4	May	15	3.96
	Total	91	24.01
Grand Total [I+II+III]		**379**	**100**

A partir do Quadro 3, verifica-se que 379 partos de búfalas Murrah ocorreram em meses diferentes durante um período de 25 anos (1985-2009). A tendência dos partos indicou que o máximo de partos em búfalas Murrah (44,59%) ocorreu no inverno (outubro-novembro). No que respeita ao padrão de partos, a percentagem mínima de partos ocorreu em abril (3,69%) e maio (3,96%) e a percentagem máxima de partos ocorreu no mês de novembro (14,78%), seguido de setembro (13,46%) e outubro (12,66%).

A percentagem global de partos das búfalas Murrah foi máxima na estação do inverno (44,59%), seguida da estação das chuvas (31,40%) e do verão (24,01%) no clima quente-seco de Parbhani.

Os resultados indicam que a diferença na frequência dos partos pode ser explicada por factores não genéticos, nomeadamente o clima e a nutrição.

No presente estudo, o número máximo de partos ocorreu também nos meses de inverno, particularmente em novembro e setembro. Esta tendência também dá uma indicação de que os animais têm melhores condições nutricionais durante o inverno, o que pode resultar na manutenção de uma melhor condição corporal. Obviamente, esta situação resulta na ocorrência do ciclo estral durantc o invcrno.

Os resultados actuais sugerem que o período favorável de parto das búfalas pode ser de agosto a novembro, o que está de acordo com Thokal, *et al., (2004)*. Estudou-se o efeito da época do parto no desempenho produtivo das búfalas "Purnathadi". Os partos das búfalas não se distribuíram igualmente em todos os meses do ano. No entanto, o número máximo de partos ocorreu na estação das chuvas, seguida do inverno e do verão. Em contrapartida, Javed *et al.* (2009) referiram que as búfalas pariam durante todo o ano, mas o número máximo de partos ocorria durante o verão (44%) e o outono (37%) e apenas uma pequena proporção (19%) durante o resto do ano (primavera, 5% e inverno, 14%).

4.3. Estudos de correlação

Quadro 4: Valores médios e coeficientes de correlação dos atributos climáticos com a produção de leite e a duração da lactação em búfalas murrah

Sr. No.	Variable	Lactation Yield		Lactation Length	
		Average value with SE ($\pm$)	Correlation coefficient (r)	Average value with SE ($\pm$)	Correlation coefficient (r)
1	Max. Temp. (X_1)	33.73 ± 1.78	-0.683*	33.73 ± 1.78	-0.762*
2	Min. Temp. (X_2)	18.71 ± 1.43	-0.803**	18.71 ± 1.43	-0.888*
3	Max. Hum. (X_3)	67.98 ± 5.53	0.505	67.98 ± 5.53	0.544
4	Min. Hum. (X_4)	39.18 ± 4.65	0.485	39.18 ± 4.65	0.469
5	Sunshine Hours (X_5)	8.87 ± 0.65	0.098	8.87 ± 0.65	0.128
6	Wind velocity (X_6)	5.38 ± 0.56	-0.748**	5.38 ± 0.56	-0.788*
7	THI (X_7)	73.74 ± 1.29	-0.870**	73.74 ± 1.29	-0.937*

Lactation yield : 1070.96 ± 25.86 Lactation Length : 293.058 ± 3.017

1Significativo a 0,05 por cento ** Significativo a 0,01 por cento

É evidente a partir da Tabela 4 que a temperatura média máxima e mínima de todo o período é de 33,73 + 1,78 e 18,71 + 1,43^0 C, respetivamente. A humidade máxima e a humidade mínima de todo o período são 67,98 + 5,53 por cento e 39,18 + 4,65 por cento, respetivamente. As horas de sol, a velocidade do vento e o valor TH1 são 8,87 + 0,65 horas, 5,38 + 0,56 km/h e 73,74 + 1,29, respetivamente. Observou-se que o rendimento médio da lactação foi de 1070,96 + 25,87 litros e a duração da lactação foi de 293,06 + 25,87 dias, respetivamente. A partir da Tabela 4, observa-se que, com o aumento da temperatura, da velocidade do vento e do THI, a produção de leite e a duração da lactação diminuíram.

Verificou-se também que a temperatura máxima e a humidade máxima estavam inversamente correlacionadas com a duração da lactação. O valor médio das horas de sol, da velocidade do vento e do THI foi de 8,87 + 0,65, 5,38 + 0,56 e 73,74 + 1,29, respetivamente. O valor do coeficiente de correlação para esta variável foi de 0,128, -0,788 e -0,937, respetivamente.

Muitos investigadores do passado, como Thomas e Acharya (1981), Shinde *et al.* (1990), Kale e Basu (1993), observaram que a temperatura ambiente e a humidade tinham uma correlação significativa com a produção de leite e a duração da lactação. Uma humidade mais elevada associada a uma temperatura ambiente mais baixa não teve efeito sobre o desempenho; Shinde *et al.* (1990) observaram que uma temperatura elevada associada a uma humidade elevada era a causa do registo de uma produção mínima de leite e da duração da lactação.

Bouraoui *et al.*, (2002) observaram que o valor do THI aumentou de 68-78 e a produção de leite diminuiu 21 por cento. Upadhyay (2007) observou um declínio na produção de leite das búfalas Murrah com um aumento do THI e da temperatura, tendo o período de lactação das búfalas sido encurtado em vários dias durante o verão extremo, quando o THI era superior a 80.

4.3.1 Estudos de regressão múltipla

Para determinar a importância relativa e o papel de vários factores climáticos na variação da produção de leite e da duração da lactação, foi calculada uma regressão por etapas. Com base na contribuição da temperatura máxima, da temperatura mínima, da humidade máxima, da humidade mínima, das horas de sol, da velocidade do vento e do THI, foram seleccionados para a análise do coeficiente de regressão em búfalas da raça Murrah e os resultados da regressão são apresentados no Quadro 5.

Quadro 5: Factores climáticos que contribuem para a variação da produção de leite em lactação e da duração da lactação das búfalas Murrah

Sr. No.	Variable	Lactation Yield			Lactation Length		
		Estimated regression coefficient	SE ($\pm$)	t value	Estimated regression coefficient	SE ($\pm$)	t value
1	Max. Temp. (X_1)	-0.85	31.18	-0.02	-2.92	1.14	-2.57*
2	Min. Temp. (X_2)	-13.46	30.00	-0.44	0.76	1.09	0.69
3	Max. Hum. (X_3)	-0.10	2.87	-0.03	0.11	0.10	1.06
4	Min. Hum. (X_4)	4.17	1.95	2.13	-0.16	0.33	-0.49
5	Sunshine Hours (X_5)	20.78	8.15	2.55*	3.19	0.79	4.06**
6	Wind velocity (X_6)	-4.69	23.77	-0.19	-1.73	0.87	-2.00
7	THI (X_7)	-29.57	26.47	-1.12	-0.01	1.10	-0.01
		$R^2 = 0.849$		F= 3.22	$R^2 = 0.871$		F= 28.96

*Significativo a 0,05 por cento** Significativo a 0,01 por cento

Observou-se que a temperatura máxima, a temperatura mínima, a humidade máxima, a velocidade do vento e o THI indicam uma associação negativa e não significativa com a produção de leite em lactação, enquanto a humidade mínima e as horas de sol mostram uma associação positiva e significativa com a produção de leite em lactação. Todas as variáveis climáticas juntas foram responsáveis por 84,9% da variação na produção de leite em lactação. O valor de R^2 não atingiu o nível de significância para a produção de leite.

No que diz respeito à duração da lactação, a temperatura máxima, a humidade mínima, a velocidade do vento e o THI foram negativamente associados à duração da lactação e os restantes parâmetros - temperatura mínima, humidade máxima e horas de sol - influenciaram positivamente a duração da lactação, sendo que o aumento de uma unidade na temperatura máxima diminui a duração da lactação em 2,92 dias. Todos os parâmetros climáticos em conjunto representaram 87,1 por cento da variação na duração da lactação. O valor de R^2 não atingiu o nível de significância que indica o efeito dos parâmetros climáticos na duração da lactação das búfalas Murrah.

Os resultados de Thomas e Acharya (1981) concordam com a tendência atual, uma vez que se observou um efeito negativo do THI e da humidade na produção de leite. Kale e Basu (1993) referiram que a variação da temperatura mínima era mais importante para afetar a produção de leite e a duração da lactação do que a variação da temperatura máxima. Esta tendência corrobora a observação obtida em búfalas Murrah.

4.3.2. Análise do coeficiente de caminho: (Rendimento da lactação)

A análise do coeficiente de caminho fornece um meio eficaz para descobrir as causas directas e indirectas da associação e permite um exame crítico das forças específicas que actuam para produzir uma dada correlação com este ponto de vista. Os resultados obtidos na análise de trajetória são apresentados no quadro 6.

Quadro 6: Análise da trajetória dos atributos climáticos e do seu modo de efeito na produção de leite em lactação e na duração da lactação em búfalas Murrah.

Sr. No.	Variable	Lactation yield								Lactation Length							
		Max. Temp.	Min. Temp.	Max. Humidity	Min. Humidity	Sunshine Hours	Wind velocity	THI	Total effect	Max. Temp.	Min. Temp.	Max. Humidity	Min. Humidity	Sunshine Hours	Wind velocity	THI	Total effect
1	Max. Temp. (X_1)	**-0.0389**	-0.0226	0.0331	0.0231	-0.0198	-0.0194	0.5761	-0.6826	**-1.1391**	-0.6634	0.9699	0.6781	-0.5798	-0.5671	-0.8778	-0.7623
2	Min. Temp. (X_2)	-0.4327	**-0.7429**	0.2246	-0.1993	0.2463	-0.5339	0.1300	-0.8032	0.2110	**0.3623**	-0.1095	0.0972	-0.1201	0.2604	0.3441	-0.8877
3	Max. Hum. (X_3)	0.0198	0.0070	**-0.0233**	-0.0178	0.0151	0.0084	0.0294	0.5048	-0.1733	-0.0615	**0.2036**	0.1553	0.1318	-0.0733	-0.1019	0.5437
4	Min. Hum. (X_4)	-0.4467	0.2013	0.5726	**0.7504**	-0.6813	-0.0284	0.0161	0.4854	0.1481	-0.0667	-0.1898	**-0.2487**	0.2258	0.0094	-0.0054	0.4690
5	Sunshine Hours (X_5)	0.2662	-0.1734	-0.3386	-0.4748	**0.5230**	-0.0740	-0.0229	0.0976	0.3504	-0.02283	0.4457	0.6251	**0.6885**	-0.0975	-0.0824	0.1279
6	Wind velocity (X_6)	-0.0503	-0.0726	0.0364	0.0038	0.0143	**-0.1010**	-0.1273	-0.7483	-0.1594	-0.2301	0.1153	0.0121	0.0423	**-0.3201**	-0.2175	-0.7883
7	THI (X_7)	-1.1278	-1.3961	0.7369	-0.0320	0.1762	-0.9997	**-1.4714**	-0.8699	-0.0005	-0.0006	0.0003	-0.0000	0.0000	-0.0004	**-0.0006**	-0.9367

26

Rendimento da lactação

Foi observado que a temperatura máxima teve um efeito direto negativo (-0,0389) na produção de leite em lactação das búfalas Murrah. A influência máxima foi devida ao THI (0,5761), à humidade máxima (0,0331), à humidade mínima (0,0231), mas a contribuição negativa da temperatura mínima (-0,0226), das horas de sol (-0,0198) e da velocidade do vento (-0,0194) resultou numa correlação negativa significativa com a produção de leite em lactação (-0,6826).

A temperatura mínima apresentou um efeito direto altamente negativo (-0,7429) na produção de leite em lactação. O seu efeito indireto através da temperatura máxima (-0,4327), da humidade mínima (-0,1993) e da velocidade do vento (-0,5339) teve uma influência negativa, enquanto que a humidade máxima (0,2246), as horas de sol (0,2463) e o THI (0,1300) tiveram uma influência indireta positiva, o que estabeleceu uma correlação significativa negativa com a produção de leite em lactação. (0,2463) e THI (0,1300) influenciaram indiretamente no sentido positivo, o que estabeleceu uma correlação negativa significativa com a produção de leite em lactação (-0,8032).

A humidade máxima mostrou um efeito direto negativo (-0,0233) na produção de leite em lactação. Entre os efeitos indiretos, temperatura máxima (0,0198), temperatura mínima (0,0070), horas de sol. (0,0151), horas de sol (0,0151), velocidade do vento (0,0084), THI (0,0294), influenciaram positivamente, enquanto a humidade mínima (-0,0178) influenciou negativamente. A correlação com a produção de leite em lactação foi positivamente não significativa (0,5048).

No que diz respeito à humidade mínima, esta mostrou um efeito direto positivo (0,7504) na produção de leite em lactação. O seu efeito indireto através da temperatura mínima (0,2013), da humidade máxima (0,5726) e do THI (0,0161) influenciou indiretamente no sentido positivo, enquanto a temperatura máxima (-0,4467), as horas de sol (-0,6813) e a velocidade do vento (-0,0284) influenciaram negativamente a produção de leite. Isto leva a uma correlação positiva não significativa com a produção de leite (0,4854).

Observou-se que as horas de sol tiveram um efeito direto altamente positivo (0,5230) na produção de leite em lactação. O seu efeito indireto através da temperatura máxima (0,2662) foi influenciado indiretamente no sentido positivo, enquanto o resto dos factores temperatura mínima (-0,1734), humidade máxima (-0,3386), humidade mínima (-0,4748), velocidade do vento (-0,0740) e THI (-0,0229) foram influenciados indiretamente no sentido negativo, o que resultou numa correlação positiva não significativa com a produção de leite em lactação (0,0976).

No que diz respeito à velocidade do vento, esta apresentou um efeito direto altamente negativo (-0,1010) na produção de leite em lactação. Entre os efeitos indirectos, a temperatura máxima (-0,0503), a temperatura mínima (-0,0726) e o THI (-0,1273) tiveram uma influência indireta negativa na produção de leite, enquanto a humidade máxima (0,0364), a humidade mínima (0,0038) e as horas de sol (0,0143) influenciaram positivamente a produção de leite. A correlação com a produção de leite foi negativamente significativa (-0,7483).

No que diz respeito ao THI, este apresenta um efeito direto altamente negativo (-1,4714) na produção de leite. O seu efeito indireto através da temperatura máxima (-1,7278), da temperatura mínima (-1,3961), da humidade mínima (-0,0320) e da velocidade do vento (-0,9997) foi influenciado indiretamente no sentido negativo, enquanto que a humidade máxima (0,7369) e as horas de sol (0,1762) no sentido positivo, o que estabeleceu uma correlação significativa negativa com a produção leiteira em lactação (-0,8699). (0,1762) em sentido positivo, o que estabeleceu uma correlação negativa significativa com (-0,8699) a produção de leite em lactação.

Duração da lactação

Observou-se que a contribuição direta da temperatura máxima para a duração da lactação foi altamente negativa (-1,1391), enquanto a humidade máxima (0,9699) e a humidade mínima (0,6781) contribuíram indiretamente de forma positiva, mas o maior impacto da contribuição negativa direta da temperatura mínima (-0,6634), das horas de sol (-0,5798), da velocidade do vento (-0,5671) e do THI (-0,8778) resultou numa associação negativa significativa (-0,7623) com a duração da lactação em búfalas Murrah. (-0,5798), velocidade do vento (-0,5671) e THI (-0,8778) resultaram numa associação negativa significativa (-0,7623) com a duração da lactação em búfalas da raça Murrah.

A temperatura mínima mostrou um efeito positivo direto (0,3623) na duração da lactação. Seu efeito indireto via. A temperatura máxima (0,2110), a humidade mínima (0,0972), a velocidade do vento (0,2604) e o THI (0,3441) tiveram um efeito positivo, enquanto a humidade máxima (-0,1095) e as horas de sol (-0,1201) tiveram um efeito negativo, o que estabeleceu uma correlação negativa significativa com o comprimento da lactação (-0,8877).

A humidade máxima mostrou um efeito direto positivo (0,2036) na duração da lactação. Entre os efeitos indirectos, a temperatura máxima (-0,1733), a temperatura mínima (-0,0615), a velocidade do vento (-0,0733) e o THI (-0,1019) tiveram uma influência negativa no comprimento da lactação, enquanto a humidade máxima (0,1553) e as horas de sol (0,1318) tiveram uma influência positiva, pelo que a associação da correlação foi considerada positivamente não significativa (0,5437).

A humidade mínima teve um efeito direto altamente negativo (-0,2487) na duração da lactação. Entre os efeitos indirectos, a influência máxima deveu-se à temperatura máxima (0,1481), às horas de sol (0,2258) e à velocidade do vento (0,0094), em sentido positivo, enquanto a humidade máxima (-0,1898) e o THI (-0,0054), em sentido negativo, estabeleceram uma correlação positiva não significativa (0,4690) com o comprimento da lactação.

No que diz respeito às horas de luz solar, estas tiveram um efeito direto positivo (0,6885) na duração da lactação. Entre os efeitos indirectos, a influência máxima através da temperatura máxima (0,3504), da humidade máxima (0,4487) e da humidade mínima (0,6251) foi positiva, enquanto os parâmetros climáticos como a temperatura mínima (-0,2283), a velocidade do vento (-0,0975) e o THI (-0,0824) foram negativos, pelo que o valor da correlação com a duração da lactação (0,1279) é positivo e não significativo.

A velocidade do vento teve um efeito direto altamente negativo (-0,3201) na duração da lactação. O efeito indireto da temperatura máxima (-0,1594), da temperatura mínima (-0,2301) e do THI (-0,2175) foi influenciado negativamente, enquanto a humidade máxima (0,1153), a humidade mínima (0,0121) e as horas de sol (0,0423) foram influenciadas positivamente. O valor da correlação é negativamente significativo (-0,7883) com a duração da lactação.

Da mesma forma, o THI mostrou um efeito direto negativo (-0,0006) na duração da lactação. Entre os efeitos indirectos, as horas de sol (0,0000) e a humidade máxima (0,0003) tiveram uma influência positiva, enquanto os restantes parâmetros, temperatura máxima (-0,0005), temperatura mínima (0,0006), humidade mínima (-0,0000) e velocidade do vento (-0,0004), tiveram uma influência negativa, pelo que a correlação com a duração da lactação foi negativamente significativa (-0,9367).

Assim, a análise do coeficiente de caminho indicou claramente que a temperatura ambiente máxima teve um papel negativo na afetação do rendimento da lactação e da duração da lactação na búfala Murrah.

Tabela 7: Coeficientes de correlação entre diferentes atributos climáticos

Sr. No.	Variable	X_1	X_2	X_3	X_4	X_5	X_6	X_7
1	Max. Temp. (X_1)	1.000	0.582*	-0.851**	-0.595*	0.509	0.498	0.766**
2	Min. Temp. (X_2)		1.000	-0.302	0.268	-0.332	0.719**	0.949**
3	Max. Hum. (X_3)			1.000	0.763**	-0.647*	-0.360	-0.501
4	Min. Hum. (X_4)				1.000	-0.908**	-0.038	0.422
5	Sunshine Hours (X_5)					1.000	0.142	-0.120
6	Wind velocity (X_6)						1.000	0.679
7	THI (X_7)							1.000

4.4. Estudos de correlação:

Os estudos de correlação indicam que existe uma associação entre o pico de produção de leite das búfalas Murrah e diferentes variáveis climáticas, enquanto a contribuição de cada fator para a variabilidade total é avaliada através da análise de regressão. A análise do caminho revela ainda o efeito direto e indireto do fator que contribui para expressar a variação da produção de leite. Neste contexto, para conhecer a contribuição de diferentes atributos climáticos de diferentes estações do ano na contabilização da variação da produção de leite. A análise de correlação e regressão foi efectuada e os resultados relativos às estações do ano são discutidos nos parágrafos seguintes.

4.4.1. Época das chuvas:

O clima geral na estação das chuvas é húmido e Parbhani também não é exceção a este facto. Observa-se no quadro 8 que os valores médios da temperatura máxima, temperatura mínima, humidade máxima, humidade mínima, horas de sol, velocidade do vento e THI foram 33,13 + 0,14, 23,06 + 0,14, 81,10 + 0,52, 56,61 + 0,92, 6,12 + 0,21, 6,50 + 0,19, 72,82 + 0,31, respetivamente, durante a estação das chuvas. As búfalas Murrah foram expostas a este clima de junho a setembro e tiveram um pico médio de produção de leite de 7,35 + 0,14 litros.

4.4.2. Estudos de correlação

É evidente no quadro 8 que diferentes factores climáticos podem estabelecer uma associação significativa com o pico de produção de leite das búfalas Murrah na estação das chuvas. A temperatura máxima, a humidade máxima, a humidade mínima e a velocidade do vento foram significativamente positivas na associação com o pico de produção e os restantes parâmetros climáticos - temperatura mínima, horas de sol e THI - foram negativos na associação com o pico de produção das búfalas Murrah.

Quadro 8: Valores médios e coeficiente de correlação do atributo climático com o pico de produção de leite em búfalas Murrah durante a estação das chuvas

Sr. No.	Variable	Average value with SE ($\pm$)	Correlation coefficient
1	Max. Temp. (X_1)	33.13 ± 0.14	0.435*
2	Min. Temp. (X_2)	23.06 ± 0.14	-0.153
3	Max. Hum. (X_3)	81.10 ± 0.52	0.513**
4	Min. Hum. (X_4)	56.61 ± 0.92	0.472*
5	Sunshine Hours (X_5)	6.12 ± 0.21	-0.251
6	Wind velocity (X_6)	6.50 ± 0.19	0.466*
7	THI (X_7)	72.82 ± 0.31	-0.147
Peak yield : 7.35 ± 0.14			

*Significativo a 0,05 por cento ** Significativo a 0,01 por cento

Os valores foram moderados, de 0,435 a -0,153 e de 0,513 a 0,472, respetivamente. Esta tendência indica uma diminuição da produção de leite com o aumento da temperatura máxima e do nível máximo de humidade na estação das chuvas.

A contribuição dos restantes factores climáticos, *nomeadamente a* temperatura mínima, as horas de sol e o THI, para a variação da produção de leite foi baixa, sendo os valores de 'r' de -0,153, -0,251 e -0,147, respetivamente.

Muitos investigadores do passado, como Wang *et al.* (1985), relataram o efeito adverso da humidade no desempenho do animal no pico de produção de leite. Mansour *et al.* (1992) referiram que o pico médio de produção em búfalas egípcias era de 6,4 kg e que a estação do parto afectava significativamente esta caraterística. Yadav e Rathi (1992) obtiveram um efeito significativo da estação do parto no pico de produção e no pico de produção semanal. Shinde *et al.* (1990) observaram que a temperatura elevada associada a uma humidade elevada era a causa do registo de um pico mínimo de produção de leite durante o mês das chuvas.

4.4.3. Estudos de regressão múltipla

Para determinar a importância relativa e o papel de vários factores climáticos na variação do pico de produção de leite na estação das chuvas, foi calculada uma regressão faseada com base na contribuição das variáveis climáticas seleccionadas para a análise do coeficiente de regressão em búfalas Murrah.

Tabela 9: Factores climáticos seleccionados que contribuem para a variação do pico de produção de leite das búfalas Murrah durante a estação das chuvas

Sr. No.	Variable	Estimated regression coefficient	SE ($\pm$)	t value
1	Max. Temp. (X_1)	-0.03	0.30	-0.07
2	Min. Temp. (X_2)	-0.23	0.26	-0.89
3	Max. Hum. (X_3)	-0.06	0.08	-0.76
4	Min. Hum. (X_4)	0.02	0.05	0.04
5	Sunshine Hours (X_5)	-0.05	0.36	-0.15
6	Wind velocity (X_6)	0.06	0.22	0.30
7	THI (X_7)	0.03	0.12	0.27
		$R^2 = 0.495$		F value= 0.254

*Significativo a 0,05 por cento ** Significativo a 0,01 por cento

A Tabela 9 mostra que a temperatura máxima, a temperatura mínima, a humidade máxima e a humidade mínima, as horas de sol, a velocidade do vento e o THI, em conjunto, foram responsáveis por 49,5 por cento da variação no pico da produção de leite. No entanto, o valor de R^2 não atingiu o nível de significância. Isto mostra que o pico de produção de leite não pode ser influenciado de forma consistente pelos parâmetros climáticos num clima chuvoso.

### 4.4.3.	Análise do coeficiente de caminho:

A análise do coeficiente de caminho fornece um meio eficaz para descobrir as causas directas e indirectas da associação e permite um exame crítico dos factores específicos que actuam para produzir uma determinada correlação. Nesta perspetiva, o resultado obtido na análise do caminho é apresentado no Quadro 10.

Quadro 10: Análise da trajetória dos atributos climáticos seleccionados e do seu modo de efeito no pico de produção de leite das búfalas Murrah durante a estação das chuvas

Sr. No.	Variable	Max. Temp.	Min. Temp	Max. Humidity	Min. Humidity	Sunshine Hours	Wind velocity	THI	Total effect
1	Max. Temp. (X_1)	**-0.0192**	0.0008	0.0052	0.0100	-0.0059	0.0002	-0.0048	0.4346
2	Min. Temp. (X_2)	0.4094	**-0.2323**	0.0651	0.0657	-0.0797	-0.0709	-0.0205	-0.1529
3	Max. Hum. (X_3)	0.0682	0.0707	**-0.2520**	-0.1739	0.3451	0.0742	-0.0347	0.5137
4	Min. Hum. (X_4)	-0.0079	-0.0043	0.0105	**0.0152**	-0.0039	-0.0030	-0.0081	0.4721
5	Sunshine Hours (X_5)	-0.0147	-0.0166	0.5062	0.0123	**-0.0483**	-0.0282	-0.0095	-0.2507
6	Wind velocity (X_6)	-0.0011	0.0287	-0.0277	-0.0183	0.0549	**0.0940**	-0.0328	0.4664
7	THI (X_7)	0.0169	0.0064	0.0094	-0.0139	0.0102	-0.0195	**0.0755**	0.1479

Observou-se que a temperatura ambiente máxima teve um efeito direto altamente negativo (-0,0192) no pico de produção de leite das búfalas Murrah. Entre os efeitos indirectos, a influência positiva máxima deveu-se à temperatura mínima (0,0008), à humidade máxima (0,0052), à humidade mínima (0,0100) e à velocidade do vento (0,0002), que tiveram uma influência positiva, enquanto as horas de sol (-0,0059) e o THI (-0,0048) tiveram uma influência negativa, o que resultou numa relação positiva significativa com o pico de produção (0,4346).

A temperatura mínima teve um efeito direto altamente negativo (-0,2323) no pico de produção de leite das búfalas Murrah. Entre os efeitos indirectos, a temperatura máxima (0,4094), a humidade máxima (0,0651) e a humidade mínima (0,0657) tiveram um efeito positivo indireto, enquanto as horas de sol (-0,0797), a velocidade do vento (-0,0709) e o THI (-0,0205) tiveram uma influência negativa, o que resultou numa correlação negativa não significativa com o pico de produção (-0,1529).

A humidade máxima teve um efeito direto altamente negativo (-0,2520) no pico de produção de leite. Entre os efeitos indirectos, a temperatura máxima (0,0682), a temperatura mínima (0,0707), as horas de sol (0,3451) e a velocidade do vento (0,0742) influenciam indiretamente no sentido positivo e a humidade mínima (-0,1739) e o THI (-0,0347) influenciam indiretamente no sentido negativo, o que resultou numa correlação positiva significativa com o pico de produção de leite (0,5137).

No que diz respeito à humidade mínima, esta tem um efeito direto positivo (0,0152) no pico de produção de leite. Entre os efeitos indirectos, a temperatura máxima (-0,0079), a temperatura mínima (-0,0043), as horas de sol (-0,0039), a velocidade do vento (-0,0030) e o THI (-0,0081) foram influenciados negativamente, enquanto a humidade máxima (0,0105) influenciou positivamente, o que resultou numa correlação significativa positiva com o pico de produção de leite (0,4721).

As horas de sol mostraram um efeito direto negativo (-0,0483) no pico de produção de leite. Entre os efeitos indirectos, a temperatura máxima (-0,0147), a temperatura mínima (-0,0166), a velocidade do vento (-0,0282) e o THI (-0,0095) foram influenciados negativamente, enquanto a humidade máxima (0,5062) e a humidade mínima (0,0123) foram influenciadas positivamente, o que resultou numa correlação negativa não significativa com o pico de produção (-0,2507).

A velocidade do vento apresentou um efeito direto positivo (0,0940) com o pico de produção de leite. O seu efeito indireto, a temperatura máxima (-0,0011), a humidade máxima (-0,0277), a humidade mínima (-0,0183) e o THI (-0,0328) foram influenciados negativamente e a temperatura mínima (0,0287) e as horas de sol (0,0549) foram influenciadas positivamente, o que resultou numa correlação significativa positiva com o pico de produção (0,4664).

O THI teve um efeito direto positivo (0,0755) no pico de produção de leite. Os seus efeitos indirectos de temperatura máxima (0,0169), temperatura mínima (0,0064), humidade máxima (0,0094), horas de sol (0,0102) foram influenciados no sentido positivo e a humidade mínima (-0,0139) e a velocidade do vento (-0,0195) foram influenciadas no sentido negativo. Isto resultou numa correlação positiva não significativa com o rendimento máximo (0,1479).

Assim, a análise do coeficiente de caminho indicou claramente que a temperatura ambiente máxima teve um papel positivo na afetação da produção de leite das búfalas Murrah durante a estação das chuvas. Parece, portanto, necessário que a flutuação da temperatura ambiente máxima seja mais importante para influenciar o pico de produção de leite durante a estação das chuvas. Kale e Basu (1990) referiram que a temperatura mínima afectava a produção de leite e que as alterações na temperatura máxima eram mais importantes para afetar o pico de produção de leite. Estas observações apoiam a tendência observada durante este estudo.

Tabela 11: Coeficientes de correlação entre diferentes atributos climáticos durante a estação das chuvas

Sr. No.	Variable	X_1	X_2	X_3	X_4	X_5	X_6	X_7
1	Max. Temp. (X_1)	1.000	-0.041	-0.313	0.519**	0.304	-0.012	0.424*
2	Min. Temp. (X_2)		1.000	-0.289	-0.415	0.343	-0.305	0.285
3	Max. Hum. (X_3)			1.000	0.690**	-0.245	-0.294	0.325
4	Min. Hum. (X_4)				1.000	-0.317	-0.211	-0.183
5	Sunshine Hours (X_5)					1.000	0.504**	0.336
6	Wind velocity (X_6)						1.000	-0.259
7	THI (X_7)							1.000

4.5. Época de inverno:

De um modo geral, as condições climatéricas de inverno favorecem a produção de leite dos animais devido ao clima agradável e à disponibilidade de forragens de qualidade. Os valores médios e o coeficiente de correlação dos atributos climáticos com o pico de produção de leite das búfalas Murrah são apresentados no Quadro 12. Observa-se na tabela que a temperatura média máxima e a temperatura ambiente mínima prevalecentes no inverno foram de 30,91 + 0,17 e 13,43 + 0,26, respetivamente. A humidade máxima e a humidade mínima durante o inverno foram de 77,62 + 0,68 e 37,12 + 0,61, respetivamente.

Quadro 12 : Valores médios e coeficiente de correlação do atributo climático com o pico de produção de leite no inverno

Sr. No.	Variable	Average value with SE ($\pm$)	Correlation coefficient (r)
1	Max. Temp. (X_1)	30.91 ± 0.17	0.176
2	Min. Temp. (X_2)	13.43 ± 0.26	0.550**
3	Max. Hum. (X_3)	77.62 ± 0.68	-0.195
4	Min. Hum. (X_4)	37.12 ± 0.61	0.383
5	Sunshine Hours (X_5)	9.59 ± 0.08	0.435*
6	Wind velocity (X_6)	3.28 ± 0.09	-0.240
7	THI (X_7)	69.98 ± 0.23	-0.340
	Peak yield : 7.80 ± 0.16		

*Significativo a 0,05 por cento**   Significativo a 0,01 por cento

Além disso, a velocidade do vento durante as horas de sol e o THI foram 9,59 + 0,08, 3,28 + 0,09 e 69,98 + 0,23, respetivamente. O pico de produção de leite da búfala Murrah neste ambiente é de 7,80 + 0,16 litros. Esta tendência indica que o pico de produção de leite das búfalas Murrah é maior no inverno. Este facto confirma a opinião geral sobre a aptidão das búfalas Murrah para o clima frio.

4.5.1. Estudos de correlação:

Os factores climáticos temperatura mínima e horas de sol mostraram uma associação positiva e significativa com o pico de produção, enquanto a temperatura máxima e a humidade mínima mostraram uma associação positiva e não significativa com o pico de produção. Enquanto os restantes parâmetros climáticos, *nomeadamente a* humidade máxima, a velocidade do vento e o THI, foram influenciados de forma negativa e não significativa. O que indica um efeito favorável do clima de inverno no pico de produção de leite das búfalas Murrah.

O grau do valor 'r' indica um efeito mais favorável do clima de inverno no desempenho do búfalo Murrah. A humidade máxima, a velocidade do vento e o THI contribuíram em sentido negativo. Esta tendência confirma a necessidade de um clima frio para aumentar a produção dos búfalos.

Assim, os estudos de correlação indicaram uma maior preocupação com a flutuação da temperatura mínima, da velocidade do vento, das horas de sol e do THI durante o inverno, devido à sua associação com o pico de produção do búfalo Murrah.

4.5.2. Estudos de regressão múltipla:

Para avaliar a magnitude do fator climático selecionado no pico de produção de leite, foram determinados os coeficientes de regressão, que são apresentados no Quadro 13.

Tabela 13: Factores climáticos que contribuem para a variação do pico da produção de leite da búfala Murrah durante o inverno

Sr. No.	Variables	Estimated regression coefficient	SE (±)	't' value
1	Max. Temp. (X_1)	016	024	0.65
2	Min. Temp. (X_2)	-0.21	0.10	-2.04
3	Max. Hum. (X_3)	-0.03	0.06	-0.42
4	Min. Hum. (X_4)	0.05	0.02	2.65*
5	Sunshine Hours (X_5)	0.11	0.46	0.23
6	Wind velocity (X_6)	-0.55	0.39	-1.40
7	THI (X_7)	-0.23	0.18	-1.24

$$R^2=0.417 \qquad F\ value=1.01$$

1Significativo a 0,05 por cento ** Significativo a 0,01 por cento

O quadro 13 mostra que a temperatura mínima, a humidade máxima, a velocidade do vento e o THI influenciaram negativamente o pico de produção das búfalas Murrah. O aumento de uma unidade na temperatura mínima, na humidade máxima, na velocidade do vento e no THI resultou numa diminuição do pico de produção de leite de -0,21, -0,03, -0,55 e -0,23 unidades, respetivamente. A temperatura máxima, a humidade mínima e as horas de sol tiveram um efeito positivo no pico de produção de leite das búfalas Murrah. Shinde et al. (1997) relataram que THI acima de 72 era ponto de stress térmico. Enquanto Kandu e Bhatnagar (1985) observaram quedas na média do pico de produção de leite por cada aumento de 3,06 valores de THI acima de 70,3, Singh et al. (1992) observaram uma diminuição da média do pico de produção em 1 kg por cada aumento de 11,7 valores acima de 71,33 valores de THI observados no estudo apoiam esta tendência.

4.5.3. Análise do coeficiente de caminho:

Para conhecer o modo exato do efeito da temperatura mínima, da temperatura máxima, da humidade máxima, da humidade mínima, da velocidade do vento durante as horas de sol e do THI no pico de produção de leite das búfalas Murrah durante o inverno, procedeu-se à análise do coeficiente de caminho e os dados são apresentados no quadro 14.

Observou-se que a contribuição direta da temperatura máxima teve um efeito direto altamente positivo (0,2805) no pico de produção das búfalas Murrah. Entre os efeitos indiretos, as horas de sol (0,0419), a velocidade do vento (0,0496) e o THI (0,0243) tiveram uma influência positiva no pico de produção de leite, enquanto a temperatura mínima (-0,0768), a humidade máxima (0,1147) e a humidade mínima (-0,1117) tiveram uma influência negativa. Isto resultou numa correlação positiva não significativa com o pico de produção (0,1756).

Quadro 14: Análise da trajetória dos atributos climáticos e do seu modo de efeito no pico de produção de leite das búfalas Murrah durante o inverno

Sr. No.	Variable	Max. Temp.	Min. Temp.	Max. Humidity	Min. Humidity	Sunshine Hours	Wind velocity	THI	Total effect
1	Max. Temp. (X_1)	**_0.2805_**	-0.0768	-0.1147	-0.1117	0.0419	0.0496	0.0243	0.1756
2	Min. Temp. (X_2)	0.0495	**_-0.1810_**	0.0100	-0.0390	-0.0044	0.0474	-0.0638	0.5506
3	Max. Hum. (X_3)	-0.0220	-0.0030	**_0.0538_**	0.0089	-00187	0.0093	0.0134	-0.1955
4	Min. Hum. (X_4)	-0.0549	0.0297	0.0229	**_0.1379_**	-0.0093	-0.0168	-0.0214	0.3836
5	Sunshine Hours (X_5)	0.0117	0.0019	0.0273	-0.0053	**_0.0787_**	-0.0031	-0.0007	0.4350
6	Wind velocity (X_6)	-0.0617	0.0914	-0.0601	0.0425	0.0140	**_-0.3492_**	0.0255	-0.2398
7	THI (X_7)	-0.0275	-0.1118	-0.0791	0.0493	0.0029	0.0232	**_-0.3172_**	-0.3399

A temperatura mínima apresentou um efeito direto negativo (-0,1810) no pico de produção de leite. O efeito indireto da temperatura máxima (0,0495), da humidade máxima (0,0100) e da velocidade do vento (0,0474) foi influenciado no sentido positivo, enquanto a humidade mínima (-0,0390), as horas de sol (0,0044) e o THI (-0,0638) foram influenciados no sentido negativo, o que resultou numa correlação positiva significativa com o pico de produção de leite (0,5506).

A humidade máxima mostrou um efeito direto positivo (0,0538) no pico de produção de leite das búfalas Murrah. O efeito indireto da temperatura máxima (-0,0220), da temperatura mínima (-0,0030) e das horas de sol (-0,0187) foi influenciado negativamente, enquanto a humidade mínima (0,0089), a velocidade do vento (0,0093) e o THI (0,0134) foram influenciados positivamente. O que resultou numa correlação negativa não significativa com o pico de produção de leite (-0,1955).

A humidade mínima mostrou um efeito direto positivo (0,1379) no pico de produção de leite das búfalas Murrah. Os efeitos indirectos da temperatura máxima (-0,0549), horas de sol (-0,0093), velocidade do vento (-0,0168), THI (-0,0214) foram influenciados negativamente, enquanto a temperatura mínima (0,0297) e a humidade máxima (0,0229) foram influenciadas positivamente, o que resultou numa correlação positiva não significativa (0,3836) com o pico de produção de leite.

As horas de sol mostraram um efeito direto positivo (0,0787) no pico de produção de leite. O efeito indireto da temperatura máxima (0,0117), da temperatura mínima (0,0019), da humidade máxima (0,0273) foi influenciado no sentido positivo e a humidade mínima (-0,0053), a velocidade do vento (-0,0031) e o THI (-0,0007) foram influenciados no sentido negativo. Isto resultou numa correlação positiva significativa (0,4350) com o pico de produção de leite.

A velocidade do vento teve um efeito direto negativo (-0,3492) no pico de produção de leite. O efeito indireto da temperatura máxima (-0,0617) e da humidade máxima (-0,0601) foi influenciado negativamente, enquanto a temperatura mínima (0,0914), a humidade mínima (0,0425), as horas de sol (0,0140) e o THI (0,0255) foram influenciados positivamente, o que resultou numa correlação negativa não significativa com o pico de produção de leite (-0,2398).

Da mesma forma, o THI mostrou um efeito direto negativo (-0,3172) no pico de produção de leite. Entre os efeitos indirectos, a temperatura máxima (-0,0275), a temperatura mínima (-0,1118) e a humidade máxima (-0,0791) tiveram uma influência negativa, enquanto a humidade mínima (0,0493), as horas de sol (0,0029) e a velocidade do vento (0,0232) tiveram uma influência positiva, o que resultou numa correlação negativa não significativa (-0,3399) com o pico de produção.

O resultado da análise do coeficiente de caminho também revelou que a flutuação da temperatura máxima e as horas de sol eram mais importantes para afetar a produção de leite das búfalas Murrah durante o inverno.

Tabela 15: Coeficientes de correlação entre diferentes atributos climáticos durante o inverno

Sr. No.	Variable	X_1	X_2	X_3	X_4	X_5	X_6	X_7
1	Max. Temp. (X_1)	1.000	-0.274	-0.409	-0.398	0.149	0.177	0.087
2	Min. Temp. (X_2)		1.000	-0.055	0.215	0.024	-0.262	0.467**
3	Max. Hum. (X_3)			1.000	0.166	-0.347	0.172	0.249
4	Min. Hum. (X_4)				1.000	-0.068	-0.122	-0.155
5	Sunshine Hours (X_5)					1.000	-0.040	-0.009
6	Wind velocity (X_6)						1.000	-0.073
7	THI (X_7)							1.000

4.6.　　　Época de verão:

Os valores médios e o coeficiente de correlação dos atributos climáticos com o pico de produção de leite das búfalas Murrah durante o verão são apresentados no Quadro 16.

Quadro 16 : Valores médios e coeficiente de correlação do atributo climático com o pico de produção de leite em búfalas Murrah durante o verão

Sr. No.	Variables	Average value with SE ($\pm$)	Correlation coefficient (r)
1	Max. Temp. (X_1)	37.60 ± 0.27	0.435*
2	Min. Temp. (X_2)	22.55 ± 0.23	0.334
3	Max. Hum. (X_3)	53.71 ± 0.56	-0.121
4	Min. Hum. (X_4)	25.91 ± 0.28	0.167
5	Sunshine Hours (X_5)	11.06 ± 0.08	0.492**
6	Wind velocity (X_6)	6.26 ± 0.08	-0.147
7	THI (X_7)	75.80 ± 0.19	-0.152
	Peak yield : 6.51 ± 0.12		

*Significativo a 0,05 por cento ** Significativo a 0,01 por cento

O clima de verão de Parbhani era quente e seco. Com base na temperatura ambiente máxima, na humidade relativa máxima e nas horas de sol brilhante. As condições climáticas médias durante o verão foram a temperatura máxima, a temperatura mínima, a humidade máxima, a humidade mínima, as horas de sol e a velocidade do vento e o THI foram 37,60 + 0,27, 22,55 + 0,23, 53,71 + 0,56, 25,91 + 0,28, 11,06 + 0,08, 6,26 + 0,08, 75,80 + 0,19, respetivamente. Neste ambiente, o rendimento máximo foi de 6,51 + 0,12 litros para os búfalos Murrah.

4.6.1.   Estudos de correlação:

A temperatura máxima e as horas de sol estabeleceram uma associação positiva e significativa com o pico de produção do búfalo Murrah. Enquanto a humidade máxima, a velocidade do vento e o THI mostram uma associação negativa com o pico de produção. Isto indica a tendência definitiva da relação entre os factores climáticos e o pico de produção na estação do verão. Os valores de "r" postulam a mensagem de que é necessário proteger os búfalos do clima estival para manter o seu nível de produção.

A relação significativa entre a temperatura ambiente, as horas de sol e o pico de produção indica que haveria consistência no que diz respeito ao efeito destes atributos climáticos no pico de produção na estação do verão e que são necessárias medidas especiais para proteger os búfalos da exposição direta à temperatura ambiente. Talvez medidas como deitar água no corpo do animal, evitar pastar durante o dia para proporcionar conforto térmico aos animais. A temperatura ambiente máxima apresenta uma associação negativa significativa com o rendimento máximo. Isto indica que a diminuição do pico de rendimento com o aumento da humidade máxima, da velocidade do vento e do THI na variação do pico de rendimento durante a estação do verão. Os resultados de Kulkarni *et al.* (1998) corroboram as tendências actuais sobre o efeito da temperatura e da humidade no pico de produção de leite das vacas de raça cruzada.

4.6.2.   Estudos de regressão múltipla:

Para confirmar e identificar o papel de vários factores climáticos na variação da produção de leite na estação do verão, foi efectuada uma regressão descendente na análise do coeficiente com base no valor R^2. As variáveis climáticas, como a temperatura máxima e mínima, a humidade máxima e mínima, as horas de sol, a velocidade do vento e o THI, foram seleccionadas para a análise de regressão, em búfalas da raça Murrah. Os resultados são apresentados na Tabela 17.

Tabela 17: Factores climáticos que contribuem para a variação do pico de produção de leite das búfalas murrah durante o verão

Sr. No.	Variables	Peak milk yield		
		Estimated regression coefficient	SE ($\pm$)	t value
1	Max. Temp. (X_1)	0.21	0.09	2.21*
2	Min. Temp. (X_2)	0.02	0.01	2.19*
3	Max. Hum. (X_3)	-0.06	0.04	-0.13
4	Min. Hum. (X_4)	0.09	0.11	0.81
5	Sunshine Hours (X_5)	-0.04	0.34	-0.13
6	Wind velocity (X_6)	0.17	0.34	0.49
7	THI (X_7)	-0.06	0.13	-0.44

$$R^2 = 0.440 \quad \text{F value} = 0.766$$

*Significativo a 0,05 por cento ** Significativo a 0,01 por cento

Observa-se na Tabela 17 que a temperatura máxima, a temperatura mínima, a humidade máxima, a humidade mínima, as horas de sol, a velocidade do vento e o THI, em conjunto, foram responsáveis por 44,00 por cento da variação no pico de produção de leite das búfalas Murrah. Além disso, o valor R^2 da temperatura máxima e mínima foi significativo ao nível de 5 por cento, indicando consistência no efeito destes factores climáticos no pico de produção de leite das búfalas Murrah. Thomas e Acharya (1981) relatam uma interação entre o genótipo e o ambiente físico e concluíram que a temperatura máxima e a humidade, consideradas em conjunto, foram responsáveis por 36 e 14% da variação do pico de produção de leite médio em Jersey e HF half bred, respetivamente. Esta observação apoia a tendência atual.

### 4.6.3.	Análise do coeficiente de caminho:

Para avaliar o modo de efeito do atributo climático selecionado no pico de produção de leite da búfala Murrah, os dados foram utilizados para uma análise mais aprofundada do caminho. Os coeficientes de caminho são apresentados no Quadro 18.

Quadro 18: Análise da trajetória dos atributos climáticos e do seu modo de efeito no pico de produção de leite da búfala murrah durante o verão

Sr. No.	Variable	Max. Temp.	Min. Temp.	Max. Humidity	Min. Humidity	Sunshine Hours	Wind velocity	THI	Total effect
1	Max. Temp. (X_1)	**0.5177**	0.0017	-0.0739	-0.1252	0.0275	-0.1335	0.0003	0.4354
2	Min. Temp. (X_2)	0.0002	**-0.0586**	-0.0195	-0.0298	-0.0066	0.0242	0.0274	0.3337
3	Max. Hum. (X_3)	0.0046	0.0106	**-0.0323**	0.0007	0.0034	-0.0017	0.0000	-0.1207
4	Min. Hum. (X_4)	-0.0541	-0.0910	-0.0047	**0.2239**	0.0991	-0.0534	-0.0081	01667
5	Sunshine Hours (X_5)	-0.0017	0.0035	0.003	-0.0138	**-0.0312**	0.009	-0.0003	0.4918
6	Wind velocity (X_6)	-0.0313	0.0502	0.0063	-0.0290	-0.0074	**01215**	0.0031	-0.1469
7	THI (X_7)	0.0000	-0.0272	0.0000	0.0035	-0.0010	-0.0028	**-0.0997**	-0.1523

Observa-se na Tabela 18 que a temperatura máxima teve um efeito direto altamente positivo (0,5177) no pico de produção de leite das búfalas Murrah. Entre os efeitos indirectos, a temperatura mínima (0,0017), as horas de sol (0,0275) e o THI (0,0003) foram influenciados positivamente, enquanto a humidade máxima (-0,0739), a humidade mínima (-0,1252) e a velocidade do vento (-0,1335) foram influenciadas negativamente. O efeito de todos os factores climáticos no pico de produção de leite foi positivamente significativo (0,4354).

A temperatura mínima teve um efeito direto negativo (-0,0586) na produção máxima de leite. O seu efeito indireto através da temperatura máxima (0,0002), velocidade do vento (0,0242), THI (0,0274) foi influenciado no sentido positivo, enquanto a humidade máxima (-0,0195), humidade mínima (-0,0298), horas de sol (-0,0066) foram influenciadas no sentido negativo, o que resultou numa correlação positiva não significativa (0,3337) com o pico de produção de leite.

A humidade máxima indicou um efeito direto negativo (-0,0323) no pico de produção de leite. Entre os efeitos indirectos, a temperatura máxima (0,0046), a temperatura mínima (0,0106), a humidade mínima (0,0007), as horas de sol (0,0034) e o THI (0,0000) tiveram uma influência positiva, enquanto a velocidade do vento (-0,0017) teve uma influência negativa, o que resultou numa correlação negativa não significativa (-0,1207) com o pico de produção de leite.

A humidade mínima teve um efeito direto positivo (0,2239) na produção máxima de leite. O seu efeito indireto através da temperatura máxima (-0,0541), da temperatura mínima (-0,0910), da humidade máxima (-0,0047), da velocidade do vento (-0,534) e do THI (-0,0081) foi influenciado negativamente, enquanto as horas de sol (0,0991) influenciaram positivamente, o que resultou numa correlação positiva não significativa com o pico de produção de leite (0,1667).

As horas de sol mostraram um efeito direto negativo (-0,0312) no pico de produção de leite. O seu efeito indireto através da temperatura máxima (-0,0017), humidade mínima (-0,0138), THI (-0,0003) foram influenciados no sentido negativo, enquanto a temperatura mínima (0,0035), humidade máxima (0,0033) e velocidade do vento (0,0009) foram influenciados no sentido positivo, o que resultou numa correlação positiva significativa com o pico de produção de leite (0,4918).

A velocidade do vento mostrou um efeito direto positivo (0,1215) no pico de produção de leite. O seu efeito indireto através da temperatura máxima (-0,0313), humidade mínima (-0,0290), horas de sol (-0,0074) foram influenciados no sentido negativo. Enquanto a temperatura mínima (0,0502), a humidade máxima (0,0063) e o THI (0,0031) foram influenciados no sentido positivo, o que resultou numa correlação negativa não significativa com o pico de produção (-0,1469).

Da mesma forma, o THI teve um efeito direto negativo no rendimento máximo (-0,0997). Entre os efeitos indirectos, a temperatura máxima (-0,0000), a temperatura mínima (-0,0272), as horas de sol (-0,0010) e a velocidade do vento (90,0028) foram influenciadas negativamente, enquanto a humidade máxima (0,0000) e a humidade mínima (0,0035) foram influenciadas positivamente, o que resultou numa correlação negativa não significativa com o pico de produção de leite (-0,1523).

Tabela 19: Coeficientes de correlação entre diferentes atributos climáticos durante a estação do verão

Sr. No.	Variable	X_1	X_2	X_3	X_4	X_5	X_6	X_7
1	Max. Temp. (X_1)	1.000	0.003	-0.143	-0.243	0.053	-0.258	0.217
2	Min. Temp. (X_2)		1.000	-0.334	-0.407	-0.113	0.413	0.273
3	Max. Hum. (X_3)			1.000	-0.021	-0.106	0.052	-0.015
4	Min. Hum. (X_4)				1.000	0.443*	-0.238	-0.035
5	Sunshine Hours (X_5)					1.000	-0.061	0.310
6	Wind velocity (X_6)						1.000	0428*
7	THI (X_7)							1.000

4.7. Época das chuvas

Em geral, o clima na estação das chuvas é húmido e Parbhani não é exceção a este facto. Observa-se no quadro 20 que as condições climáticas de Parbhani eram as seguintes: temperatura máxima, temperatura mínima, humidade máxima, humidade mínima, horas de sol, velocidade do vento e THI: 33,13 + 0,14, 23,06 + 0,14, 81,10 + 0,52, 56,61 + 0,92, 6,12 + 0,21, 6,50 + 0,19, 72,82 + 0,31, respetivamente. As búfalas Murrah foram expostas a este clima de junho a setembro e a produção média de leite em lactação e a duração da lactação observadas foram de 1088 + 18,41 litros e 301,52 + 1,97 dias, respetivamente.

Tabela 20 : Valores médios e coeficiente de correlação do atributo climático com a produção de leite em lactação e o comprimento da lactação em búfalas Murrah durante a estação das chuvas

Sr. No.	Variable	Lactation yield		Lactation length	
		Average value with (SE$\pm$)	Correlation coefficient (r)	Average value with SE ($\pm$)	Correlation coefficient (r)
1	Max. Temp. (X_1)	33.13 ± 0.14	-0.538**	33.13 ± 0.14	-0.292
2	Min. Temp. (X_2)	23.06 ± 0.14	-0.378	23.06 ± 0.14	-0.136
3	Max. Hum. (X_3)	81.10 ± 0.52	0.488**	81.10 ± 0.52	0.585**
4	Min. Hum. (X_4)	56.61 ± 0.92	0.580**	56.61 ± 0.92	0.443*
5	Sunshine Hours (X_5)	6.12 ± 0.21	-0.349	6.12 ± 0.21	-0.166
6	Wind velocity (X_6)	6.50 ± 0.19	-0.163	6.50 ± 0.19	0.573**
7	THI (X_7)	72.82 ± 0.31	-0.361	72.82 ± 0.31	-0.279
Lactation yield : 1088 ± 18.41			Lactation length : 301.52 ± 1.97		

1Significativo a 0,05 por cento   ** Significativo a 0,01 por cento

4.7.1. Estudos de correlação

O quadro 20 mostra que os diferentes factores climáticos, nomeadamente a humidade máxima e mínima, estão significativamente correlacionados de forma positiva com o rendimento da lactação, enquanto a temperatura máxima mostrou uma associação significativa negativa com o rendimento da lactação, e os restantes factores climáticos tiveram uma influência negativa no rendimento da lactação das búfalas Murrah.

O que indica que a temperatura máxima e o nível de humidade afectam o rendimento da lactação no clima da estação das chuvas, ou seja, a diminuição do rendimento da lactação das búfalas Murrah com o aumento da temperatura ambiente e do nível de humidade. Shinde e Taneja (1986) referiram que a temperatura e a humidade explicavam a maior variação na produção diária de leite de vacas cruzadas.

No que se refere à duração da lactação, observou-se que a humidade máxima, a humidade mínima e a velocidade do vento foram positivamente significativas para a duração da lactação das búfalas Murrah, o que indica que existe um efeito consistente destes factores na duração da lactação, enquanto os restantes factores climáticos foram influenciados negativamente. Esta tendência indica um aumento da duração da lactação com a diminuição da temperatura máxima e mínima e do nível de humidade.

4.7.2.   Estudos de regressão múltipla

Para determinar a importância relativa e o papel de vários factores climáticos na variação da produção de leite em lactação e na duração da lactação na estação das chuvas, foi calculada uma regressão por etapas. Com base na contribuição de várias variáveis climáticas, foram seleccionadas para análise do coeficiente de regressão em búfalas Murrah. Os resultados da regressão são apresentados no quadro 21.

O Quadro 21 indica que toda a variável climática foi responsável por 54,9% da variação no rendimento da lactação da búfala Murrah na estação das chuvas. . No entanto, o valor de R^2 não atingiu o nível de significância. A temperatura máxima e a temperatura mínima mostraram uma associação negativa com o rendimento da lactação, indicando que o rendimento da lactação diminui com o aumento da temperatura ambiente.

No que respeita à duração da lactação, todos os parâmetros climáticos em conjunto representaram 55% da variação da duração da lactação. No entanto, o valor de R^2 não atingiu o nível de significância. A temperatura ambiente mostrou uma associação negativa significativa com a duração da lactação, indicando que um aumento de uma unidade na temperatura ambiente máxima provocou uma diminuição de 4,61 dias na duração da lactação.

Quadro 21: Factores climáticos que contribuem para a variação da produção de leite em lactação e da duração da lactação em búfalas Murrah durante a estação das chuvas

Sr. No.	Variable	Lactation yield			Lactation length		
		Estimated regression coefficient	SE (±)	t value	Estimated regression coefficient	SE (±)	t value
1	Max. Temp. (X_1)	-51.82	21.08	-2.46*	-4.61	2.06	-2.23*
2	Min. Temp. (X_2)	-40.05	25.94	-1.54	-2.99	3.45	-0.86
3	Max. Hum. (X_3)	-0.49	8.60	-0.05	0.65	1.15	0.57
4	Min. Hum. (X_4)	5.91	2.38	2.49*	-0.63	0.72	-0.88
5	Sunshine Hours (X_5)	-10.37	36.01	-0.28	-4.53	4.79	-0.94
6	Wind velocity (X_6)	1.61	22.48	0.07	4.84	2.10	2.88**
7	THI (X_7)	-14.95	11.37	-1.31	-1.12	1.57	-0.72

$R^2 = 0.549$ F=2.96 $R^2 = 0.550$ F=0.810

*Significativo a 0,05 por cento ** Significativo a 0,01 por cento

4.7.3.   Análise do coeficiente de caminho

A análise do coeficiente de caminho fornece um meio eficaz para encontrar causas directas e indirectas de associação e permite um exame crítico das forças específicas que actuam para produzir uma determinada correlação com este ponto de vista. O resultado obtido na análise de trajetória é apresentado no Quadro 22.

Rendimento da lactação

A temperatura máxima mostrou um efeito direto altamente negativo (-0,3798) no rendimento da lactação das búfalas Murrah. O efeito indireto da temperatura mínima (0,0154), da humidade máxima (0,1027), da humidade mínima (0,1971), da velocidade do vento (0,0046) e do THI (0,0825) foi influenciado no sentido positivo. Enquanto as horas de sol foram (-0,1155) influenciadas no sentido negativo. O que resultou numa correlação negativa significativa com o rendimento da lactação (-0,5379).

A temperatura mínima mostrou um efeito direto negativo (-0,2961) no rendimento da lactação das búfalas Murrah. O seu efeito indireto através da temperatura máxima (0,0120), da humidade máxima (0,0830), da humidade mínima (0,0837) foi influenciado no sentido positivo, enquanto as horas de sol (-0,1015), a velocidade do vento (-0,0904) e o THI (-0,0230) foram influenciados no sentido negativo, o que resultou numa correlação negativa não significativa com o rendimento da lactação (-0,3787).

A humidade máxima mostrou um efeito direto negativo (-0,0141) no rendimento da lactação. O seu efeito indireto através da temperatura máxima (0,0030), da temperatura mínima (0,0039), das horas de sol (0,0018), da velocidade do vento (0,0041) e do THI (0,0087) foi influenciado no sentido positivo, enquanto a humidade mínima na chaminé foi influenciada no sentido negativo (-0,0097). Isto resultou numa correlação positiva significativa com o rendimento da lactação (0,4879).

A humidade mínima mostrou um efeito direto positivo (0,2946) no rendimento da lactação das búfalas Murrah. O seu efeito indireto através da temperatura máxima (-0,1529), da temperatura mínima (-0,0833), das horas de sol (-0,0749), da velocidade do vento (-0,0572) e do THI (-0,0365) foi influenciado no sentido negativo, enquanto a humidade máxima (0,2033) influenciou no sentido positivo, o que resultou numa correlação significativa positiva com o rendimento da lactação da búfala Murrah (0,5799).

Observou-se que as horas de sol mostraram um efeito direto negativo (-0,0682) na produção de leite em lactação. O seu efeito indireto através da temperatura máxima (-0,0208), da temperatura mínima (-0,0234), da velocidade do vento (-0,0208), da temperatura mínima (-0,0234), da velocidade do vento (-0,0398) e do THI (-0,0007) foi influenciado negativamente, enquanto a humidade máxima (0,0087) e a humidade mínima (0,0173) foram influenciadas positivamente. Este efeito indireto positivo e negativo resultou numa correlação negativa não significativa com o rendimento da lactação da búfala Murrah (-0,3490).

No que diz respeito à velocidade do vento, esta teve um efeito direto positivo (0,0161) no rendimento da lactação. O seu efeito indireto através da temperatura máxima (-0,0002), da temperatura máxima (0,0049), das horas de sol (0,0094) e do THI (0,0243) foi influenciado no sentido positivo. O que resultou numa correlação negativa não significativa (-0,1626) com o rendimento da lactação.

Da mesma forma, o THI mostrou um efeito direto negativo (-0,2522) no rendimento da lactação das búfalas Murrah. O seu efeito indireto através da temperatura máxima (-0,0565), da humidade mínima (-0,0215), da humidade máxima (-0,0316) e das horas de sol (-0,0342) foi influenciado no sentido negativo, enquanto a humidade mínima (0,0463) e a velocidade do vento (0,0652) foram influenciadas no sentido positivo, o que resultou numa correlação negativa não significativa (-0,3615) com o rendimento da lactação das búfalas da raça Murrah.

Tabela 22 : Análise da trajetória dos atributos climáticos e do seu modo de efeito na produção de leite e na duração da lactação em búfalas Murrah durante a estação das chuvas

Sr. No.	Variable	Lactation Yield								Lactation Length							
		Max. Temp.	Min. Temp.	Max. Humidity	Min. Humidity	Sunshine Hours	Wind velocity	THI	Total effect	Max. Temp.	Min. Temp.	Max. Humidity	Min. Humidity	Sunshine Hours	Wind velocity	THI	Total effect
1	Max. Temp. (X_1)	**-0.3798**	0.0154	0.1027	0.1971	-0.1155	0.0046	0.0835	-0.5379	**-0.3163**	0.0128	0.0855	0.1642	-0.0962	0.0038	-0.0698	-0.2917
2	Min. Temp. (X_2)	0.0120	**-0.2961**	0.0830	0.0837	-0.1015	-0.0904	-0.0230	-0.3787	0.0084	**-0.2060**	0.0580	0.0584	-0.0709	-0.0631	-0.0160	-0.1362
3	Max. Hum. (X_3)	0.0030	0.0039	**-0.0141**	-0.0097	0.0018	0.0041	0.0087	0.4879	-0.0471	-0.0489	**0.1742**	0.1202	-0.0222	-0.0513	0.0292	0.5352
4	Min. Hum. (X_4)	-0.1529	-0.0833	0.2033	**0.2946**	-0.0749	-0.0572	-0.0365	0.5799	0.1530	0.0833	-0.2034	**-0.2947**	0.0749	0.0573	0.0665	0.4434
5	Sunshine Hours (X_5)	-0.0208	-0.0234	0.0087	0.0173	**-0.0682**	-0.0398	-0.0007	-0.3490	-0.0849	-0.0958	0.0356	0.0710	**-0.2792**	-0.1629	-0.0308	-0.1664
6	Wind velocity (X_6)	-0.0002	0.0049	-0.0048	-0.0031	0.0094	**0.0161**	0.0243	-0.1626	-0.0047	0.1189	-0.1147	-0.0756	0.2272	**0.3894**	-0.0807	0.5732
7	THI (X_7)	-0.0565	-0.0215	-0.0316	0.0463	-0.0342	0.0652	**-0.2522**	-0.3615	-0.0397	-0.0151	-0.0222	0.0325	-0.0240	0.0459	**-0.1773**	0.2791

Duração da lactação

Observou-se que a temperatura máxima (-0,3163) teve um efeito direto negativo na duração da lactação das búfalas Murrah. O seu efeito indireto através da temperatura mínima (0,0128), da humidade máxima (0,0855), da humidade mínima (0,1642) e da velocidade do vento (0,0038) foi influenciado no sentido positivo, enquanto as horas de sol (-0,0962) e o THI (-0,0698) foram influenciados no sentido negativo. O que resultou numa correlação negativa não significativa com a duração da lactação (-0,2917).

A temperatura mínima mostrou um efeito direto negativo (-0,2060) na duração da lactação. Entre os efeitos indirectos, a temperatura máxima (0,0084), a humidade máxima (0,0580) e a humidade mínima (0,0584) foram influenciadas positivamente, enquanto que as horas de sol (-0,0709), a velocidade do vento (-0,0631) e o THI (-0,0160) foram influenciadas negativamente, o que resultou numa correlação negativa não significativa com o comprimento da lactação (-0,1362).

A humidade máxima mostrou um efeito direto positivo (0,1742) na duração da lactação. O seu efeito indireto através da temperatura máxima (-0,0471), da temperatura mínima (-0,0489), das horas de sol (-0,0222), da velocidade do vento (-0,0513) foi influenciado no sentido negativo, enquanto a humidade mínima (0,1202) e o THI (0,0292) foram influenciados no sentido positivo, o que resultou numa correlação significativa positiva (0,5352) com o comprimento da lactação.

A humidade mínima mostrou um efeito direto negativo com (0,2947) a duração da lactação. Entre os efeitos indirectos, a temperatura máxima (0,1530), a temperatura mínima (0,0833), as horas de sol (0,0749), a velocidade do vento (0,0573) e o THI (0,0665) foram influenciados no sentido positivo, enquanto a humidade máxima (-0,2034) foi influenciada no sentido negativo, o que resultou numa coloração positiva significativa com (0,4434) de duração da lactação.

Observou-se que as horas de sol (-0,2792) tiveram um efeito direto negativo no comprimento da lactação das búfalas Murrah. O seu efeito indireto através da temperatura máxima (-0,0849), da temperatura mínima (-0,0958), da velocidade do vento (-0,1629) e do THI (-0,0308) foi influenciado no sentido negativo, enquanto a humidade máxima (0,0356) e a humidade mínima (0,0710) foram influenciadas no sentido positivo. O que resultou numa correlação negativa não significativa (-0,1664) com a duração da lactação.

A velocidade do vento mostrou um efeito direto positivo (0,3894) com a duração da lactação. Os seus efeitos indirectos foram a temperatura máxima (-0,0047), a humidade máxima (-0,1147), a humidade mínima (-0,0756) e o THI (-0,0807), que foram influenciados negativamente, enquanto a temperatura mínima (0,1189) e as horas de sol (0,2272) foram influenciadas positivamente, o que resultou numa correlação significativa positiva com o comprimento da lactação (0,5732).

O THI mostrou um efeito direto negativo (-0,1773) na duração da lactação. Entre os efeitos indirectos, a temperatura máxima (-0,0397), a temperatura mínima (-0,0151), a humidade máxima (-0,0222) e as horas de sol (-0,0240) foram influenciadas negativamente, enquanto a humidade mínima (0,0325) e a velocidade do vento (0,0459) foram influenciadas positivamente, o que resultou numa correlação negativa não significativa (-0,2791) com o comprimento da lactação.

Tabela 23 : Coeficientes de correlação entre diferentes atributos climáticos durante a estação das chuvas

Sr. No.	Variable	X_1	X_2	X_3	X_4	X_5	X_6	X_7
1	Max. Temp. (X_1)	1.000	0.197	-0.358	-0.609*	0.651**	0.536**	0.537**
2	Min. Temp. (X_2)		1.000	-0.510	-0.241	0.442*	-0.257	0.610**
3	Max. Hum. (X_3)			1.000	0.854**	-0.522**	0.506**	-0.212
4	Min. Hum. (X_4)				1.000	-0.596**	0.398	-0.283
5	Sunshine Hours (X_5)					1.000	-0.410	0.559**
6	Wind velocity (X_6)						1.000	-0.220
7	THI (X_7)							1.000

## 4.8.	Época de inverno:

De um modo geral, as condições climáticas de inverno favorecem a produção de leite nos animais, devido ao clima agradável e à disponibilidade de forragens de qualidade. Observou-se no quadro 24 que as condições climáticas médias durante a estação do inverno para a temperatura máxima, temperatura mínima, humidade máxima, humidade mínima, horas de sol, velocidade do vento e valor THI foram 30,91 + 0,17, 13,43 + 0,26, 77,62 + 0,68, 37,12 + 0,61, 9,59 + 0,08, 3,28 + 0,09, 9,98 + 0,23, respetivamente.

O rendimento da lactação e o comprimento da lactação observados durante esta estação foram de 1257,15 + 29,56 e 310,65 + 2,56, respetivamente. Esta tendência indica que o rendimento da lactação e a duração da lactação foram superiores aos da estação do verão. Isto confirma que o clima é adequado para que as búfalas Murrah tenham um melhor desempenho.

### 4.8.1.	Estudos de correlação:

É evidente, a partir do Quadro 24, que os factores climáticos, nomeadamente a temperatura mínima, a humidade mínima e as horas de sol, mostram uma associação positiva e significativa com o rendimento da lactação, no que diz respeito à duração da lactação. A temperatura mínima e as horas de sol mostram uma associação positiva e significativa com a duração da lactação, enquanto a temperatura ambiente máxima mostra uma associação positiva e não significativa tanto com a produção como com a duração da lactação das búfalas Murrah. Esta tendência apoia a necessidade de um clima frio para uma maior produção das búfalas.

Assim, os estudos de correlação indicaram uma maior preocupação com a flutuação da temperatura ambiente mínima e das horas de sol durante o inverno, do ponto de vista da sua associação com a produção e a duração da lactação das búfalas. Das e Balaine (1980) observaram que as vacas de Haryana que pariam na primavera e no inverno tinham um rendimento mais elevado e uma lactação mais longa do que as que pariam no outono e no verão. Bufano et al. (2006) observaram que a produção diária de leite e a duração da lactação eram maiores nas búfalas paridas do inverno para a primavera do que nas paridas do verão para o outono.

Tabela 24 : Valores médios e coeficiente de correlação dos atributos climáticos com a produção de leite e a duração da lactação em búfalas Miirrah durante a estação do inverno

Sr. No.	Variable	Average value with (SE $\pm$)	Correlation coefficient (r)	Average value with SE ($\pm$)	Correlation coefficient (r)
1	Max. Temp. (X_1)	30.91 ± 0.17	0.165	30.91 ± 0.17	0.181
2	Min. Temp. (X_2)	13.43 ± 0.26	0.467**	13.43 ± 0.26	0.543**
3	Max. Hum. (X_3)	77.62 ± 0.68	-0.153	77.62 ± 0.68	-0.117
4	Min. Hum. (X_4)	37.12 ± 0.61	0.489**	37.12 ± 0.61	0.264
5	Sunshine Hours (X_5)	9.59 ± 0.08	0.497**	9.59 ± 0.08	0.435*
6	Wind velocity (X_6)	3.28 ± 0.09	-0.133	3.28 ± 0.09	-0.141
7	THI (X_7)	69.98 ± 0.23	-0.161	69.98 ± 0.23	-0.067
Lactation yield: 1257.15 ± 29.5			Lactation length : 310.65 ± 2.66		

*Significativo a 0,05 por cento**
Significativo a 0,01 por cento

4.8.2.   Estudos de regressão múltipla:

O quadro 25 mostra que a temperatura mínima, a humidade máxima e a velocidade do vento tiveram uma influência negativa. Com um aumento de uma unidade na humidade máxima, o rendimento da lactação diminui 3,83 unidades. Por outro lado, a humidade mínima (2,37) teve uma influência positiva.

Todos os factores climáticos em conjunto representaram 29,7 por cento da variação no rendimento da lactação. No entanto, o valor de R^2 não excede o nível de significância. Isto mostra que o rendimento da lactação é influenciado por factores climáticos.

No que diz respeito à duração da lactação, a temperatura mínima (-1,33), a humidade máxima (-0,11) e a velocidade do vento mostraram uma associação negativa não significativa. Com o aumento de uma unidade na temperatura mínima, na humidade máxima e na velocidade do vento, a duração da lactação diminuiu 2,62, 0,09 e 5,34 dias, respetivamente.

A temperatura máxima, a temperatura mínima, a humidade máxima, a humidade mínima, as horas de sol, a velocidade do vento e o THI representaram 43,7% da variação na duração da lactação. Além disso, o valor de R^2 excede o nível de significância, indicando um efeito consistente do parto no inverno na duração da lactação.

Bajwa *et al.* (2004) observaram que o ano e a estação do parto afectaram significativamente (P < 0,01) a produção de leite e a duração da lactação do gado Sahiwal.

Tabela 25: Factores climáticos que contribuem para a variação da produção de leite em lactação e da duração da lactação em búfalas Murrah durante o inverno

Sr. No.	Variable	Lactation Yield			Lactation Length		
		Estimated regression coefficient	SE of (b)	t value	Estimated regression coefficient	SE of (b)	t value
1	Max. Temp. (X_1)	26.69	11.00	2.42*	3.13	3.43	0.91
2	Min. Temp. (X_2)	-36.42	25.67	-1.41	-2.62	1.95	-1.33
3	Max. Hum. (X_3)	-3.83	11.07	-0.34	-0.09	0.84	-0.11
4	Min. Hum. (X_4)	14.50	6.11	2.37*	1.13	0.35	3.21**
5	Sunshine Hours (X_5)	57.88	85.26	0.67	1.72	6.50	0.26
6	Wind velocity (X_6)	-31.05	72.32	-0.42	-5.34	5.51	-0.96
7	THI (X_7)	0.53	35.84	0.01	0.94	2.72	0.34
		$R^2 = 0.297$		F= 0.623	$R^2 = 0.437$		F= 0.655

*Significativo a 0,05 por cento ** Significativo a 0,01 por cento

4.8.3. Análise do coeficiente de caminho:

Para conhecer o modo exato do fator climático na produção de leite em lactação e na duração da lactação durante a estação do inverno, procedeu-se à análise do coeficiente de caminho e os dados estão tabulados no Quadro 26.

Tabela 26 : Análise da trajetória dos atributos climáticos e do seu modo de efeito na produção de leite e na duração da lactação das búfalas Murrah durante o inverno

Sr. No.	Variable	Lactation yield								Lactation Length							
		Max. Temp.	Min. Temp.	Max. Humidity	Min. Humidity	Sunshine Hours	Wind velocity	THI	Total effect	Max. Temp.	Min. Temp.	Max. Humidity	Min. Humidity	Sunshine Hours	Wind velocity	THI	Total effect
1	Max. Temp. (X_1)	**0.5552**	-0.0425	-0.0635	-0.0618	0.2232	0.0274	0.133	0.1655	**0.7382**	-0.0652	-0.0974	-0.0949	0.5356	0.0421	0.0178	0.1814
2	Min. Temp. (X_2)	0.4885	**-0.8234**	0.0179	-0.0696	-0.0079	0.0846	-0.1147	0.4672	0.5833	**-0.3045**	0.0168	-0.0655	-0.0074	0.0797	-0.1235	0.5435
3	Max. Hum. (X_3)	0.1360	0.0049	**-0.0879**	-0.0146	0.1305	-0.0151	-0.0224	-0.1532	0.4118	0.1016	**-0.0290**	-0.0048	0.3101	-0.0050	-0.0191	-.1169
4	Min. Hum. (X_4)	-0.1198	0.0647	0.0449	**0.3006**	-0.0203	-0.0366	-0.0468	0.4891	-0.1222	0.0660	0.0509	**0.3067**	-0.0208	-0.0373	-0.0508	0.2640
5	Sunshine Hours (X_5)	0.0227	0.0037	-0.0529	-0.0103	**0.1523**	-0.0061	-0.0014	0.4966	0.0089	0.0015	-0.0206	-0.0040	**0.2595**	-0.0024	-0.0005	0.5236
6	Wind velocity (X_6)	-0.0172	0.0254	-0.0167	0.0118	0.4039	**-0.0971**	0.0071	-0.1338	-0.0386	0.0571	-0.0376	0.0266	0.1087	**-0.2184**	0.0152	-0.1413
7	THI (X_7)	0.0003	0.0014	0.0010	-0.0006	-0.0000	-0.0003	**0.0040**	-0.1610	0.0081	0.0331	0.0234	-0.0146	-0.0009	-0.0069	**0.0939**	-0.0669

Rendimento da lactação

A temperatura máxima mostrou um efeito direto positivo (0,5552) no rendimento da lactação da búfala Murrah. O seu efeito indireto através da temperatura mínima (-0,0425), da humidade máxima (-0,0635) e da humidade mínima (-0,0618) foi influenciado negativamente. Enquanto que as horas de sol (0,2232), a velocidade do vento (0,0274) e o THI (0,0133) foram influenciados no sentido positivo, o que resultou num efeito positivo não significativo (0,1655) no rendimento da lactação.

A temperatura mínima mostrou um efeito direto negativo (-0,8234) no rendimento da lactação. Entre os efeitos indirectos, a temperatura máxima (0,4885), a humidade máxima (0,0179), a velocidade do vento (0,0846) foram influenciados no sentido positivo, enquanto a humidade mínima (-0,0696), as horas de sol (-0,0079) e o THI (-0,1147) foram influenciados no sentido negativo. Isto resultou num efeito significativo positivo (0,4972) no rendimento da lactação.

A humidade máxima mostrou um efeito direto negativo (-0,0879) no rendimento da lactação. Entre os efeitos indirectos, a temperatura máxima (0,1360), a temperatura mínima (0,0049) e as horas de sol (0,1305) tiveram uma influência positiva. Enquanto a humidade mínima (-0,0146), a velocidade do vento (-0,0151) e o THI (-0,0224) foram influenciados no sentido negativo, o que resultou numa correlação negativa não significativa com o rendimento da lactação (-0,1532).

A humidade mínima mostrou um efeito direto positivo no rendimento da lactação (0,3006). Entre os efeitos indirectos, a temperatura máxima (0,1198), as horas de sol (-0,0203), a velocidade do vento (-0,0366) e o THI (- 0,0468) influenciaram negativamente o rendimento da lactação, enquanto a temperatura mínima (0,0647) e a humidade máxima (0,0499) tiveram uma influência positiva, o que resultou numa correlação significativa positiva com o rendimento da lactação (0,4891).

As horas de sol mostraram um efeito direto positivo (0,1523) no rendimento da lactação das búfalas Murrah. O seu efeito indireto, através da temperatura máxima (0,0227) e da temperatura mínima (0,0037), foi influenciado no sentido positivo, enquanto a humidade máxima (-0,0529), a humidade mínima (-0,0103), a velocidade do vento (-0,0061) e o THI (-0,0014) foram influenciados no sentido negativo, o que resultou numa correlação significativa positiva (0,4966) com o rendimento da lactação.

A velocidade do vento mostrou um efeito direto negativo (-0,0971) no rendimento da lactação, entre os efeitos indirectos através da temperatura máxima (-0,0172) e da humidade máxima (-0,0167), que foram influenciados no sentido negativo, enquanto a temperatura mínima (0,0254), a humidade mínima (0,0118), as horas de sol (0,4039) e o THI (0,0071) foram influenciados no sentido positivo, o que resultou numa correlação negativa não significativa (-0,1338) com o rendimento da lactação.

Da mesma forma, o THI mostrou um efeito direto positivo (0,0040) no rendimento da lactação. Entre os efeitos indirectos, a temperatura máxima (0,0003), a temperatura mínima (0,0014) e a humidade máxima (0,0010) foram influenciadas no sentido positivo, enquanto a humidade mínima (-0,0006), as horas de sol (-0,0000) e a velocidade do vento (-0,0003) foram influenciadas no sentido negativo, o que resultou numa correlação negativa não significativa (-0,1610) com o rendimento da lactação.

Duração da lactação

A temperatura máxima teve um efeito direto altamente positivo (0,7382) na duração da lactação das búfalas Murrah. Entre os efeitos indirectos, a temperatura mínima (-0,0652), a humidade máxima (-0,0974) e a humidade mínima (-0,0949) tiveram uma influência negativa, enquanto as horas de sol (0,5356), a velocidade do vento (0,0421) e o THI (0,0178) tiveram uma influência positiva, o que resultou numa correlação positiva não significativa com o comprimento da lactação (0,1814).

A temperatura mínima teve um efeito direto negativo (-0,3045) na duração da lactação. O seu efeito indireto através da temperatura máxima (0,5833), da humidade máxima (0,0168) e da velocidade do vento (0,0797) foi influenciado no sentido positivo, enquanto a humidade mínima (-0,0655), as horas de sol (-0,0074) e o THI (-0,1235) foram influenciados no sentido negativo, o que resultou numa correlação positiva significativa com o comprimento da lactação (0,5435).

A humidade máxima mostrou um efeito direto negativo (-0,0290) na duração da lactação. Entre os efeitos indirectos, a temperatura máxima (0,4118), a temperatura mínima (0,1016) e as horas de sol (0,3101) foram influenciadas no sentido positivo, enquanto a humidade mínima (-0,0048), a velocidade do vento (-0,0050) e o THI (-0,0191) foram influenciados no sentido negativo, o que resultou numa correlação negativa não significativa com o comprimento da lactação (-0,1169).

A humidade mínima mostrou um efeito direto positivo (0,3067) na duração da lactação. O seu efeito indireto através da temperatura máxima (-0,1222), horas de sol (-0,0208), velocidade do vento

(-0,0373) e THI (-0,0508) foram influenciados no sentido negativo, enquanto a temperatura mínima (0,0660) e a humidade máxima (0,0509) foram influenciadas no sentido positivo, o que resultou numa correlação positiva não significativa com o comprimento da lactação (0,2640).

As horas de sol mostraram um efeito direto positivo (0,2595) na duração da lactação. Entre os efeitos indirectos, a temperatura máxima (0,0089) e a humidade mínima (0,0015) foram influenciadas no sentido positivo, enquanto a humidade máxima (-0,0206), a humidade mínima (-0,0040), a velocidade do vento (-0,0024) e o THI (-0,0005) foram influenciadas no sentido negativo, o que resultou numa correlação positiva significativa com o comprimento da lactação (0,5286).

A velocidade do vento apresentou efeito direto negativo (-0,2184) com a duração da lactação. Entre os efeitos indirectos, a temperatura máxima (-0,0386) e a humidade máxima (-0,0376) foram influenciadas negativamente, enquanto a temperatura mínima (0,0571), a humidade mínima (0,0266), as horas de sol (0,1087) e o THI (0,0152) foram influenciadas positivamente, o que resultou numa correlação negativa não significativa com o comprimento da lactação (-0,1413).

Da mesma forma, o THI mostrou um efeito positivo direto (0,0939) na duração da lactação. O seu efeito indireto através da temperatura máxima (0,0081), da temperatura mínima (0,0331) e da humidade máxima (0,0234) foi influenciado no sentido positivo, enquanto a humidade mínima (-0,0146), as horas de sol (-0,0009) e a velocidade do vento (-0,0069) foram influenciadas no sentido negativo, o que resultou numa correlação negativa não significativa com a duração da lactação (-0,0669)

Tabela 27: Coeficientes de correlação entre diferentes atributos climáticos durante o inverno

Sr. No.	Variable	X_1	X_2	X_3	X_4	X_5	X_6	X_7
1	Max. Temp. (X_1)	1.000	-0.274	-0.409	-0.398	0.149	0.177	0.087
2	Min. Temp. (X_2)		1.000	-0.055	0.215	0.024	-0.262	-0.452*
3	Max. Hum. (X_3)			1.000	0.166	-0.347	0.172	0.249
4	Min. Hum. (X_4)				1.000	-0.068	-0.122	-0.155
5	Sunshine Hours (X_5)					1.000	-0.040	-0.009
6	Wind velocity (X_6)						1.000	-0.073
7	THI (X_7)							1.000

4.9.   Época de verão

O quadro 28 mostra que o clima de verão em Parbhani era quente e seco. A temperatura máxima, a temperatura mínima, a humidade máxima, a humidade mínima, as horas de sol, a velocidade do vento e o THI foram de 37,60 + 0,27, 22,55 + 0,23, 53,71 + 0,56, 25,90 + 0,28, 11,06 + 0,08, 6,26 + 0,08 e 75,80 + 0,19, respetivamente, neste ambiente. A produção média de leite em lactação e a duração da lactação foram de 982,42 + 15,56 litros e 293,12 + 2,35 dias, respetivamente.

4.9.1.   Estudos de correlação:

É interessante notar que a temperatura ambiente máxima estabeleceu uma associação positiva significativa com o rendimento da lactação na estação do verão. O valor do coeficiente de correlação para o THI e a humidade não foi significativo. A temperatura ambiente, por si só, contribuiu para uma maior variação na produção de leite, sendo o valor de "r" de 0,505 a -0,187, o que indica que, com o aumento da temperatura ambiente, houve uma diminuição da produção de leite. No entanto, o nível de humidade mostra uma associação positiva não significativa com a produção de leite, enquanto as horas de sol mostram uma associação positiva significativa com a produção de leite das búfalas Murrah, o que indica que a contribuição da temperatura máxima e das horas de sol foi maior na variação da produção de leite durante o verão.

No que se refere à duração da lactação, os factores climáticos, nomeadamente a temperatura máxima e as horas de sol, apresentam uma correlação positiva significativa com a duração da lactação das búfalas Murrah, enquanto a temperatura mínima apresenta uma associação negativa com a duração da lactação. A temperatura ambiente e as horas de sol contribuem para uma maior variação na duração da lactação do que os outros factores climáticos durante o verão.

De um modo geral, os principais atributos climáticos mostraram uma correlação com o rendimento da lactação e a duração da lactação das búfalas Murrah. O rendimento da lactação diminui com o aumento de qualquer fator climático na estação do verão.

Afzal et al. (2007) observaram que a estação do parto tinha um efeito significativo na produção de leite de búfalas Nili-Ravi. Javed et al. (2009) observaram que as búfalas Nili-Ravi paridas durante o inverno produziam o máximo, enquanto as paridas no verão produziam o mínimo de leite.

Tabela 28: Valores médios e coeficiente de correlação do atributo climático com a produção de leite e a duração da lactação em búfalas Murrah durante a estação do verão

Sr. No.	Variable	Average value with (SE $\pm$)	Correlation coefficient (r)	Average value with SE ($\pm$)	Correlation coefficient (r)
1	Max. Temp. (X_1)	37.60 ± 0.27	0.505**	37.60 ± 0.27	0.457**
2	Min. Temp. (X_2)	22.55 ± 0.23	-0.187	22.55 ± 0.23	-0.586**
3	Max. Hum. (X_3)	53.71 ± 0.56	0.202	53.71 ± 0.56	0.295
4	Min. Hum. (X_4)	25.90 ± 0.28	0.138	25.90 ± 0.28	0.306
5	Sunshine Hours (X_5)	11.06 ± 0.08	0.483**	11.06 ± 0.08	0.498**
6	Wind velocity (X_6)	6.26 ± 0.08	-0.301	6.26 ± 0.08	-0.224
7	THI (X_7)	75.8 ± 0.19	-0.151	75.8 ± 0.19	0.174
	Lactation yield: 982.42 ± 15.56			Lactation length : 293.12 ± 2.35	

*Significant at 0.05 per cent   ** Significant at 0.01 per cent

4.9.2. Estudos de regressão múltipla:

Para avaliar a magnitude do fator climático selecionado sobre a produção de leite em lactação e a duração da lactação, determinou-se o coeficiente de regressão, que é apresentado no Quadro 29 para as búfalas Murrah.

Tabela 29: Factores climáticos que contribuem para a variação da produção de leite em lactação e da duração da lactação em búfalas Murrah durante o verão

Sr. No.	Variable	Lactation yield			Lactation length		
		Estimated regression coefficient	SE ($\pm$)	t value	Estimated regression coefficient	SE ($\pm$)	t value
1	Max. Temp. (X_1)	34.20	11.14	2.97**	2.79	1.01	2.75**
2	Min. Temp. (X_2)	6.85	15.60	0.42	-3.99	2.19	-1.83
3	Max. Hum. (X_3)	9.12	5.52	1.65	1.58	0.57	2.75**
4	Min. Hum. (X_4)	18.07	13.22	1.38	1.52	1.87	0.82
5	Sunshine Hours (X_5)	-10.72	40.73	-0.26	3.03	5.71	0.53
6	Wind velocity (X_6)	-25.43	40.62	-0.63	0.93	5.69	0.16
7	THI (X_7)	13.05	15.99	0.82	4.05	2.06	1.96
		$R^2 = 0.451$ $F=1.99$			$R^2=0.599$ $F= 3.63$		

*Significativo a 0,05 por cento ** Significativo a 0,01 por cento

O quadro 29 mostra que as horas de sol e a velocidade do vento influenciaram negativamente a produção de leite em lactação e as restantes variáveis foram influenciadas positivamente.

Indica que a temperatura máxima, a temperatura mínima, a humidade máxima, a humidade mínima, as horas de insolação, a velocidade do vento e o THI, em conjunto, representaram 45,1 por cento da variação no rendimento da lactação, mas o valor de R^2 não excede o nível de significância, indicando um efeito consistente dos parâmetros climáticos no rendimento da lactação.

No que diz respeito à duração da lactação, todos os parâmetros climáticos mostraram uma associação positiva com a duração da lactação, exceto a temperatura mínima. Todas as variáveis climáticas em conjunto representaram 59,9 por cento da variação no comprimento da lactação.

No entanto, o valor de R2 foi superior ao nível de significância, indicando consistência no efeito da variável climática na duração da lactação. O aumento de uma unidade na temperatura mínima resultou na diminuição da duração da lactação em 3,99 unidades.

Afzal et al., (2007) observaram que as búfalas que pariram na primavera apresentaram a maior produção de leite e as que pariram no verão a menor. Hyder *et al.* (2007) revelaram que a produção de leite em lactação foi influenciada pelo mês do parto (estação do ano) em búfalas Niliravi (P < 0,01). As búfalas que pariram em janeiro e fevereiro produziram melhor leite de lactação do que as que pariram nos outros meses. Em contraste, Thokal et al. (2004) relataram que búfalas paridas durante o verão tiveram maior duração de lactação e maior produção de leite.

4.9.3. Análise do coeficiente de caminho:

Avaliar o modo de efeito de atributos climáticos seleccionados na duração da lactação e na produção de leite em lactação em búfalas Murrah. Os dados foram ainda utilizados para a análise de trajetória. Os coeficientes de caminho estão tabulados no Quadro 30.

Rendimento da lactação

Foi observado na Tabela 30 que a temperatura máxima mostrou um efeito direto positivo (0,5985) no rendimento da lactação da búfala Murrah. Entre os efeitos indirectos, a temperatura mínima (0,0020), as horas de sol (0,0318) e o THI foram influenciados no sentido positivo, enquanto a humidade máxima (-0,0854), a humidade mínima (-0,1447) e a velocidade do vento foram influenciadas no sentido negativo. Isto resultou numa correlação positiva significativa com o rendimento da lactação (0,5050).

A temperatura mínima apresentou efeito direto positivo (0,1006) sobre o rendimento da lactação. Entre os efeitos indirectos, a temperatura máxima (0,0003), a velocidade do vento (0,0415) e o THI (0,0097) foram influenciados no sentido positivo, enquanto a humidade máxima (-0,0336), a humidade mínima (-0,0409) e as horas de sol (-0,0114) foram influenciadas no sentido negativo, o que resultou numa correlação negativa não significativa com o rendimento da lactação (-0,1866).

A humidade máxima mostrou um efeito direto positivo no rendimento da lactação. (0.3291). O seu efeito indireto é a temperatura máxima (-0,0470), a temperatura mínima (-0,1098), a humidade mínima (-0,0069), as horas de sol (-0,0348) e o THI (-0,0000), que tiveram um efeito indireto negativo no rendimento da lactação, enquanto a velocidade do vento (0,0171) teve uma influência positiva. Isto resultou numa correlação positiva não significativa com o rendimento da lactação. (0.2022).

A humidade mínima mostrou um efeito direto positivo (0,3226) no rendimento da lactação. O seu efeito indireto - temperatura máxima (0,0780), temperatura mínima (-0,1312), humidade máxima (-0,0067), velocidade do vento (-0,0769) e THI (-0,0106) - foi influenciado negativamente, enquanto as horas de sol (0,1428) foram influenciadas positivamente, o que resultou numa correlação positiva não significativa com o rendimento da lactação (0,1377).

As horas de sol mostraram um efeito direto positivo (0,0538) no rendimento da lactação. Entre os efeitos indirectos, a temperatura máxima (-0,0029), a humidade mínima (-0,0238) e o THI (-0,0006) foram influenciados no sentido negativo, enquanto a temperatura mínima (0,0061), a humidade máxima (0,0057) e a velocidade do vento (0,0033) foram influenciadas no sentido positivo, o que resultou numa correlação significativa positiva com o rendimento da lactação (0,4829).

A velocidade do vento mostrou um efeito direto negativo (-0,1318) no rendimento da lactação. O seu efeito indireto através da temperatura máxima (0,0340), da humidade mínima (0,0314) e das horas de sol (0,0081) foi influenciado no sentido positivo, enquanto a temperatura mínima (-0,0544), a humidade máxima (-0,0068), a velocidade do vento (-0,1318) e o THI (-0,0032) foram influenciados no sentido negativo, o que resultou numa correlação negativa não significativa com o rendimento da lactação (-0,3011).

Da mesma forma, o THI mostrou um efeito direto positivo no rendimento da lactação (0,1552). O seu efeito indireto - temperatura máxima (0,0001), temperatura mínima (0,0423), horas de sol (0,0016), velocidade do vento (0,0044) - foi influenciado no sentido positivo, enquanto a humidade máxima (-0,0000) e a humidade mínima (-0,0054) foram influenciadas no sentido negativo. Isto resultou numa correlação positiva não significativa com o rendimento da lactação (0,1509).

Quadro 30: Análise da trajetória dos atributos climáticos e do seu modo de efeito na produção de leite e na duração da lactação das búfalas Murrah durante a estação do verão.

Sr. No.	Variable	Lactation Yield								Lactation length							
		Max. Temp.	Min. Temp.	Max. Humidity	Min. Humidity	Sunshine Hours	Wind velocity	THI	Total effect	Max. Temp.	Min. Temp.	Max. Humidity	Min. Humidity	Sunshine Hours	Wind velocity	THI	Total effect
1	Max. Temp. (X_1)	**0.5985**	0.0020	-0.0854	-0.1447	0.0318	-0.1543	0.0004	0.5050	**0.2537**	0.0008	-0.0362	-0.0614	0.0135	-0.0654	0.0002	0.4572
2	Min. Temp. (X_2)	0.0003	**0.1006**	-0.0336	-0.0409	-0.0144	0.0415	0.0097	-0.1866	-0.0013	**-0.3901**	0.1301	0.1586	0.0440	-0.1610	-0.1429	-0.5864
3	Max. Hum. (X_3)	-0.470	-0.1098	**0.3291**	-0.0069	-0.0348	0.0171	-0.0000	0.2022	-0.0539	0.1260	**0.3777**	-0.0079	-0.0399	0.0196	-0.0001	0.2949
4	Min. Hum. (X_4)	-0.0780	-0.1312	-0.0067	**0.3226**	0.1428	-0.0769	-0.0106	0.1377	-.0434	-0.0730	-0.0037	**0.1796**	0.0795	-0.0428	-0.0051	0.3059
5	Sunshine Hours (X_5)	-0.0029	0.0061	0.0057	-0.0238	**0.0538**	0.0033	-0.0006	0.4829	0.0053	-0.0113	-0.0106	0.0445	**0.1005**	-0.0062	0.0010	0.4977
6	Wind velocity (X_6)	0.0340	-0.0544	-0.0068	0.0314	0.0081	**-0.1318**	-0.0032	-0.3011	-0.0083	0.0132	0.0017	-0.0076	-0.0020	**0.0320**	0.0020	-0.2238
7	THI (X_7)	0.0001	0.0423	-0.0000	-0.0054	0.0016	0.0044	**0.1552**	0.1509	-0.0002	0.0871	-0.0001	-0.0111	0.0032	0.0090	**0.3193**	0.1743

Duração da lactação:

A temperatura máxima mostrou um efeito direto positivo (0,2537) na duração da lactação das búfalas Murrah. Entre os efeitos indirectos, a temperatura mínima (0,0008), as horas de sol (0,0135) e o THI (0,0002) foram influenciados no sentido positivo, enquanto a humidade máxima (-0,0362), a humidade mínima (-0,0614) e a velocidade do vento (-0,0654) foram influenciadas no sentido negativo, o que resultou numa correlação positiva significativa com o comprimento da lactação (0,4572).

A temperatura mínima mostrou um efeito direto negativo (-0,3901) na duração da lactação. Entre os efeitos indirectos, a temperatura máxima (-0,0013), a velocidade do vento (-0,1610) e o THI (-0,1429) foram influenciados no sentido negativo, enquanto a humidade máxima (0,1301), a humidade mínima (0,1586) e as horas de sol (0,0440) foram influenciadas no sentido positivo, o que resultou numa correlação significativa negativa com o comprimento da lactação (-0,5864).

A humidade máxima mostrou um efeito direto positivo (0,3777) na duração da lactação. Entre os efeitos não significativos, a temperatura máxima (-0,0539), a temperatura mínima (-0,0079), as horas de sol (-0,0399) e o THI (-0,0001) foram influenciados no sentido negativo, enquanto a velocidade do vento (0,0196) e a temperatura mínima (0,1260) influenciaram no sentido positivo, o que resultou numa correlação positiva não significativa com o comprimento da lactação (0,2949).

A humidade mínima mostrou um efeito direto positivo (0,1796) na duração da lactação. O seu efeito indireto - temperatura máxima (-0,0434), temperatura mínima (-0,0730), humidade máxima (-0,0037), velocidade do vento (-0,0428) e THI (-0,0051) - foi influenciado negativamente, enquanto as horas de sol (0,0795) foram influenciadas positivamente, o que resultou numa correlação positiva não significativa com o comprimento da lactação (0,3059).

As horas de sol mostraram um efeito direto positivo (0,1005) na duração da lactação. O seu efeito indireto - temperatura máxima (0,1223), humidade mínima (0,0445), THI (0,0010) - foi influenciado no sentido positivo, enquanto a temperatura mínima (-0,0113), a humidade máxima (-0,0106) e a velocidade do vento (-0,0062) foram influenciadas no sentido negativo, o que resultou numa correlação positiva significativa com a duração da lactação (0,4977).

A velocidade do vento mostrou um efeito direto positivo (0,0320) na duração da lactação. Entre os efeitos indirectos, a temperatura máxima (0,0083), a humidade mínima (-0,0076) e as horas de sol (-0,0020) foram influenciadas no sentido negativo, enquanto a temperatura mínima (0,0132), a humidade máxima (0,0017) e o THI (0,0020) foram influenciados no sentido positivo, o que resultou numa correlação negativa não significativa com o comprimento da lactação (-0,2238).

Da mesma forma, o THI mostrou um efeito direto positivo na duração da lactação (03193). O seu efeito indireto - temperatura máxima (0,0002), temperatura mínima (0,0871), horas de sol (0,0032), velocidade do vento (0,0090) - foi influenciado positivamente, enquanto a humidade máxima (-0,0001) e a humidade mínima (-0,0111) foram influenciadas negativamente. Isto resultou numa correlação positiva não significativa com a duração da lactação (0,1743).

Tabela 31: Coeficientes de correlação entre diferentes atributos climáticos durante a estação do verão

Sr. No.	Variable	X_1	X_2	X_3	X_4	X_5	X_6	X_7
1	Max. Temp. (X_1)	1.000	0.003	-0.143	-0.242	0.053	-0.258	0.217
2	Min. Temp. (X_2)		1.000	-0.334	-0.407	-0.113	0.413	0.273
3	Max. Hum. (X_3)			1.000	-0.021	-0.106	0.052	-0.015
4	Min. Hum. (X_4)				1.000	0.443*	-0.238	-0.035
5	Sunshine Hours (X_5)					1.000	-0.061	0.310
6	Wind velocity (X_6)						1.000	0.428
7	THI (X_7)							1.000

CAPÍTULO V

RESUMO E CONCLUSÃO

No presente estudo, estudou-se o efeito do clima e do período de parto na produção e na duração da lactação de búfalas Murrah mantidas na exploração leiteira do Departamento de Criação de Animais e Ciência dos Produtos Lácteos da Faculdade de Agricultura, Marathwada Krishi Vidhypeeth, Parbhani. Foram recolhidos dados de 25 anos, de 1985 a 2009, sobre 379 partos e a produção mensal de leite das búfalas. Os dados relevantes para o mesmo período sobre os componentes do ambiente, *nomeadamente* a temperatura (máxima e mínima), a humidade relativa (manhã e tarde), a velocidade do vento, as horas de sol, a temperatura do bolbo seco e a temperatura do bolbo húmido, foram obtidos no observatório meteorológico situado nas imediações da exploração leiteira.

O Índice de Temperatura e Humidade (THI) foi também calculado a partir dos dados relativos às temperaturas de bolbo seco e húmido, à produção mensal de leite e aos atributos climáticos analisados estatisticamente, de modo a conhecer as suas características, relações e efeitos directos e indirectos na produção de leite. O resumo dos resultados é apresentado nas páginas anteriores.

5.1. Componentes do ambiente

Durante o período de 25 anos, a temperatura máxima média variou entre 32,57 e 34,90° C. A percentagem dos valores médios mais baixos e mais altos da humidade máxima, THI, foi de 68,07 a 75,53 e de 71,47 a 74,83, respetivamente. No entanto, em cada ano, o valor THI acima de 75 foi registado durante um período de 5 meses, o que indica que o valor THI foi mais elevado no mês de maio, seguido de abril. O ano teve um efeito significativo (P < 0,01) na temperatura máxima, humidade máxima e THI.

A variação anual em todos os factores climáticos foi significativa (P < 0,01). Os valores médios para a maior parte dos atributos climáticos não variaram em grande escala, exceto a humidade relativa, que apresentou uma maior variação durante as diferentes estações do ano: chuvosa, inverno e verão. O clima durante um período de 25 anos foi quente e seco.

5.2. Época de parto

A frequência máxima de partos (44,59%) foi registada na estação do inverno (outubro-janeiro) nas búfalas Murrah. As percentagens totais de partos durante as estações das chuvas e do verão foram de 31,40 e 24,01, respetivamente. A estação do inverno foi mais favorável ao parto em búfalas da raça Murrah.

5.3. Índice de temperatura-humidade (THI) com rendimento e duração da lactação

Durante o estudo, observou-se que o valor médio mensal (1985-2009) do THI variava entre 66,80 e 80,09. Este valor de THI está acima da zona de conforto, o que afecta o rendimento da lactação e a duração da lactação. Durante o estudo, verificou-se que o rendimento médio da lactação e a duração média da lactação foram de $1070,96 + 25,86$ litros e $293,06 + 3,02$ dias, respetivamente. O valor médio do THI foi de $73,74 + 1,29$, acima da zona de conforto, o que mostra uma associação negativa significativa com a produção da lactação e uma associação negativa significativa com a duração da lactação, ou seja, -0,870 e -0,937, respetivamente. Estes resultados mostram que a produção de leite diminui com o aumento do THI.

5.4. Efeito do fator ambiental no rendimento máximo

Para estudar as características do pico de produção, as lactações foram estudadas para os vários meses de parto em búfalas Murrah. Para identificar o fator que afecta a diminuição da produção de leite após o pico de produção, foram obtidas correlações entre a diminuição da produção de leite e os parâmetros meteorológicos para o período correspondente.

A partir da observação, verificou-se que o pico de produção de leite nas diferentes estações do ano, ou *seja, na estação* das chuvas, no inverno e no verão, foi de $7,35 + 0,14$, $7,80 + 0,16$ e $6,51 + 0,12$ litros, respetivamente.

Na estação das chuvas, os valores da correlação entre a temperatura máxima, a humidade máxima, a humidade mínima e a velocidade do vento foram positivamente significativos em relação ao pico de produção de leite das búfalas Murrah. Esta tendência indica que o aumento do pico de produção de leite foi observado com a diminuição da temperatura máxima e da humidade máxima durante a estação das chuvas. A análise de regressão revelou que os parâmetros climáticos representam 49,50 por cento da variação no pico de produção de leite.

No inverno, o pico de produção de leite foi de $7,80 + 0,16$ litros. Foi observado que a temperatura mínima e as horas de sol mostram uma associação significativa com o pico de produção de leite. Esta tendência indica que, quando a temperatura máxima diminui, o pico de produção de leite aumenta. A análise de regressão mostra que a temperatura mínima e a humidade mínima têm um efeito positivo no pico de produção de leite. Todos os parâmetros climáticos foram responsáveis por 41,70 por cento da variação no pico de produção de leite durante o inverno.

No verão, o pico de produção de leite das búfalas Murrah foi de 6,51 0,12 litros. Os parâmetros climáticos, *nomeadamente* a temperatura máxima e as horas de sol, apresentaram uma correlação positiva significativa com o pico de produção de leite, enquanto a humidade máxima, a velocidade do vento e o THI apresentaram uma correlação negativa com o pico de produção. O que indica uma diminuição do pico de produção com o aumento da humidade máxima, da velocidade do vento e do THI na estação do verão.

5.5. Efeito da época de parto na duração da lactação e no rendimento da lactação

A duração média da lactação foi calculada para as búfalas Murrah. A maior duração da lactação entre as búfalas foi encontrada nos animais que pariram nos meses de setembro, outubro e novembro.

O rendimento da lactação das búfalas paridas no inverno foi de 1257,15 + 29,55 litros e a duração da lactação foi de 310,65 + 2,25 dias. A partir das observações, concluiu-se que as búfalas paridas no inverno produzem mais leite. Isto pode dever-se ao facto de as condições climáticas serem favoráveis à produção de leite.

O rendimento da lactação para o claver chuvoso é de 1088 + 18,41 litros e a duração da lactação é de 301,52 + 1,97 dias, o que é menor em comparação com o parto de inverno.

No parto de verão, o rendimento da lactação é de 982,42 + 15,56 litros e a duração da lactação é de 293,12 + 2,35 dias, sendo que tanto o rendimento da lactação como a duração da lactação são menores nas búfalas com parto de verão do que nas búfalas com parto de inverno e de chuva.

Conclusão

1) .

2) O parto máximo das búfalas ocorre no inverno. No entanto, o estudo revelou que o parto no verão deve ser incentivado para que as búfalas produzam mais.

3) Os factores climáticos, como um conjunto de ambiente, modificam o desempenho dos

animais, mas a sua influência é mais acentuada devido à interação entre o genótipo e o ambiente físico.

4) Entre as búfalas, as que pariram de setembro a novembro tiveram um rendimento médio de lactação mais elevado e uma duração de lactação mais longa do que as que pariram na estação das chuvas e no verão. Os parâmetros relacionados com a temperatura tiveram uma relação positiva com a diminuição da produção de leite, enquanto os parâmetros relacionados com a humidade relativa tiveram uma relação positiva com a produção de leite.

5) A modificação da abordagem de maneio de acordo com as flutuações, em particular da temperatura ambiente e dos níveis de humidade relativa, parece ser prospetiva para aumentar a produção de leite das búfalas Murrah.

6) Também a proteção das búfalas contra a velocidade do vento parece ser vantajosa para manter a taxa de secreção de leite.

7) Os dados meteorológicos relativos a um período de 25 anos indicam claramente que o clima da região de Parbhani é, em geral, quente e seco. A temperatura máxima média da estação das chuvas, do inverno e do verão foi de 33,13 + 0,14, 30,91 + 0,17 e 37,60 + 0,237, respetivamente. A humidade máxima média correspondente foi de 81,10 + 0,52, 77,62 + 0,68 e 53,71 + 0,56 por cento. Nesta região, as condições climáticas permaneceram stressantes para os animais durante mais de 5 meses por ano quando o THI era superior a 75.

8) Entre as búfalas, observou-se uma maior produção de leite, um pico de produção de leite e uma maior duração da lactação durante a estação do inverno, em comparação com as estações das chuvas e do verão, o que indica que o ambiente de inverno era confortável para as búfalas, uma vez que os valores médios da temperatura máxima, da humidade máxima e do THI eram 30,91 + 0,17, 77,62 + 0,68 e 69,98 + 0,23, respetivamente.

9) Assim, defende-se que, na medida do possível, se mantenha um clima seco nos currais de búfalos durante a estação das chuvas e que se evite a exposição direta dos búfalos ao calor do verão, a fim de aumentar a sua produção.

LITERATURA CITADA

Afzal, M., Anwar, M. e Mirza, M.A. (2007) Alguns factores que afectam a produção de leite e a duração da lactação em búfalas Nili-Ravi. *Pakistan Vet. J.* **27**(3) : 113-117.

Anwar, M., Cain, P. J., Rowlinson, P., Khan, M.S., Abdullah, M. e Babar, M.E. (2009) Factores que afectam a forma e a curva de lactação em búfalas Nili-Ravi no Paquistão. *Pakistan J. 2001. Suppl. Ser.,* **9** : 201-207.

Bajwa, I.R., Khan, M.S., Khan, M.A. e Gondal, R.Z. (2004) environmental factors affecting milk yield and lactation length in Sahiwal cattle. *Pakistan Vet. J.,* **24** (1):

Bhambure, C.V. e Dave, A.D. (1989) Effect of non-genetic factors on milk production in Kankrej cows. *Indian Vet. J.* **66** : 422-425.

Biswas, J.C., Kous, A.L. , Kumar, M. e Bhat, P.N. (1986) Effect of non-genetic factors on weekly milk yield in Sahiwal cows. *Indian J. of Anim. Sci.* **56** : 1165-1168.

Bouraoui, R., Lahmar, M., Majdoub, A., Belyea, R. (2002) The relationship of Temperature-Humidity-Index with milk production of dairy cows in a Mediterranean climate. *Anim. Res.* **51** : 479-491.

Bufano, A., Carnicella, D., Palo, P.D., Laudadio, V., Celano, A e Dario, C. (2006) The effect of calving season on milk production in water buffalo (*Bulbalus bubalis*). *Arch. Latinonam. Prod. Anim.* **14**(2) : 6-61.

Chaudhary , H.Z., Kahn, M.s., Mohiuddin, G. e Mustafa, M.I. (2000)

Pico de produção de leite e dias para atingir o pico em búfalas Nili Ravi . *Int. J. Agri. Biol.* **2**(4) : 356-360.

Chaudhry, M.A. (1992) Factores que afectam a duração da lactação e a produção de leite em búfalas Nili-Ravi. *Asian Austr. J. Anim. Sci.,* **5** : 375-380.

Croxton , F.E. e Cowden, D.J. (1974) Practical Business statistics IV edn. , Prentice Hall of India, Ltd. M-97 connaught circus, Nova Deli: 228.

Das, D. e Balaine, D.S. (1980) Non-genetic factors affecting economic traits in Haryana cattle. *Indian Journal of Dairy Science,* **33** (3) : 406-408.

Desai, H.K. (2010) Quality human resource: need of the dairy industry. *Indian Dairyman* . **5**: 22-27.

Ghadekar, S.K.(2005) Text book on meteorology. *Agromet publishers, Nagpur.* 248.

Gujar, B.V., Tajane, K.R. e Patel, J.P. (1992) Effect of climate on performance of Kankrej cattle. *J.*

Mah. Agri. Uni. **17**(2) : 284-286.

Hahn, A.L. e osbum, D.D (1969) : Viabilidade do controlo ambiental estival do gado leiteiro com base nas perdas de produção esperadas, TRANS of the ASAE. **12** : 448-451.

Hussain, Z., Javed, K., Hussain, S.M.I. e Kiyani, G.S. (2006) Some environmental effects on productive performance of Nili- Ravi buffaloes in Azad Kashmir *J. Anim. Pl. Sci.* **16**(3-4).

Hyder, A.U., Khan, M.S., Aslam, M., Rehman, M.s. e Bajwa, I.R.

(2007) Milk yield and season of calving in buffaloes and cattle in Pakistan (Produção de leite e época do parto em búfalas e bovinos no Paquistão). *Ital. J. Anim. Sci.* **6** (2) : 1347-1350.

Ingraham, R.H, Stanley, R.W. and Wagner, W.C. (1979) Seasonal effects of tropical climate on shaded and non-shaded cows as measured by rectal temperature, adrenal cortex hormones, thyroid hormone and milk protein. *Dairy Sci. Abstr.* **42**: 22-58.

Jadhao, K.L., Brahma Singh, Kale, M.M. e Singh, B. (1996) Factores que afectam a produção diária de leite de vacas cruzadas em Leh (Ladakh). *Indian Vet. J.* **73**(4) : 468-469.

Javed, K., Babar, M.E., Shafiq. M. e Ali, A. (2009) fontes ambientais de variação para a produção de leite durante a lactação em búfalas Nili-Ravi. *Pakistan J. 2001. Suppl.* Ser. NO. **9** : 79-83.

Kadzere C.T., Mureny M.R., Maltze (2003) Heat stress in lactating dairy cow: a review, Livestock *production science.* **77** : 5991.

Kadzere et al., (2005) Ruminant heat stress: Effect of shade and water misting on behavior and physiology of heat stressed feed lot crossbred cattle. *Indian J. Anim. Res.* **39** (2): 86-91.

Kale, M.M. and Basu, S.B. (1993) Effect of climate and breeds on the milk production of crossbred cattle. *Indian J. Dairy Sci.* **46**: 114-117.

Kassim, H. e Azhar, J. (1987) Physiological responses of Friesian and Friesian x Lid cattle to Malaysian climate. *Philippine J. of Vet. Anim. Sci.* **9**: 285-286.

Khan, M.S. e Chaudhary, H.Z. (2000) duração da lactação e sua comportamento em búfalos Nili-Ravi. *Pakistan vet. J.,* **20**: St- 84.

Kulkarni A.A., Pingle, S.S., Atkare, V.G. e Deshmukh, A.B. (1998) Effect of climate factors on milk production in crossbred cows. *Indain Vet. J.* **75** : 846-847.

Kundu, A.K. and Batnagar, D.S. (1985) Milking potential amongst Karan Swiss cows in relation to Temperature-Humidity- Index. *Indian Vet. J.* **62** : 436-437.

Kundu, S.S., Misra, A.K., Pathak, P.S (2004). Texbook on Buffalo production under different climatic regions (Livro sobre a produção de búfalos em diferentes regiões climáticas). International book distributing co., Lucknow.

Lange, W., (1978) The effect of extreme variation in environmental temperatures on milk production in cows. *Anim. Breed. Abstr.* **4C** ; 4293.

Mandal, D.K., Rao, S.K., Singh e S.P. Singh. (2002) Effect of macroclimatic factors on milk production in frieswal herd. *Indian Jour. Of Dairy Science.* **553**:166-70.

Maraia e Haeebb. (2009) Buffalo's biological functions as affected by heat stress A review (publicado online).

Ravagnolo (2003) Effect of heat stress on production in dairy cattle. *Journal of dairy science* vol. **86** (6).

Sendecor, G.W. e Cochren, W.G. (1967): Statistical method: 6th edn. IBH pub. Co. 66, Janpath, New Delhi: 135-387.

Sharma, A.K., Rodriquez, G., Wiscox, C.J., Bachaman, K.C. e Collier, R.J. (1983) Climatological and genetic effect on milk composition yield. *J. Dairy Sci.* **66** : 119-126.

Shinde, S. and Taneja, V.K. (1986) Effect of physical environment on daily milk yield in crossbreds. 3rd World Congress on Genetics Applied to Livestock Production, Lincoln, Nebraska, EUA, 16-22 de julho.

Shinde, S., Taneja, U.K. e Singh, A. (1990) Effect of genetic and environmental factors on milk yield in crossbred cattle. *Indian J. Dairy Sci.* **43** (3) : 329-334.

Shinde, S., Taneja, V.K. e Avtar Singh (1990) Association of climatic variables and production and reproduction traits in crossbreds. *Indian journal of Animal Sciences,* **60**(1) : 8185.

Shinde, S.K. (1984) Effect of physical environment on reproduction and production traits in crossbred cows. Tese de mestrado apresentada à Universidade de Kurukshetra, Kurukshetra.

Singh, B., Tiwari, S.P., Chawala, G.L. e Jain, L.S. (1992) Milk production in surti buffaloes inrelation to TemperatureHumidity- Index. *Indian Vet. J.* **70**(11) : 1077-1078.

Singh, S.P. and Aditya Mishra(2007) Impact of climate variation on animal health and productivity; A review. *Indian dairyman.* **59**,3.

Singh, S.V., Kumar, P. e Upadhyay, R.C. (1997) Environmental stress on working bovines. *Dairy guide.* **4** : 127-130.

Tekerli, M. Kucukkebabci, M., Akalin, N.H. and Kocak, S. (2001) Effect of environmental factors on some milk production traits, persistency and calving interval of Anatolian buffaloes. (publicado online).

Thalkari, B.T., Biradar, U.S. and Rotte, S.G. (1995) performance of Holstein Friesian x Deoni and Jersey x Deoni half breed cattle. *Indian J. Dairy Sci.* **48** (4) : 309-310.

Thokal, M.R., Kothalkar, V.K. e Udar, S.A. (2004) Effect of season of calving on production perform of Purnathadi Buffaloes. *Indian Journal of Animal research* **38** (1): 25-28.

Thomas, C.K. and Acharya, R.M. (1981) Note on the effect of physical environment on milk production in *Bos indicus* X *Bos Taurus* crosses. *Indian Journal of Animal Sciences,* **61** (3): 351-356.

Tomar e tomar. (1960) Effect of season of calving on production performance of murrah buffaloes. *Indian vet. J.* **37**: 445452.

Upadhyay, R.C, Singh, S.U., Kumar, A., Gupta, S.K., Ashutosh. (2007) Impact of climate change on milk production of Murrah buffaloes (Impacto das alterações climáticas na produção de leite de búfalas Murrah). *Ital. J. Anim. Sci. Vol.* **6**. (suppl.2.), 1329-1322.

Wang, E., Ma, S.Z. e Hong, Y.X. (1985) The effect of high temperature and humidity in summer and autumn on dairy cows. *Chinese J. Anim. Sci.* **3** : 13-14.

Yadav, A.S. and Rathi, S.S. (1992) Factors influencing some performance traits in Haryana cattle. *Indian J. Dairy Sci.* **45** (10) : 511-516.

RESUMO DA TESE

a) Título da tese : "IMPACTO DOS PARÂMETROS CLIMÁTICOS NA PRODUÇÃO DE LEITE EM BÚFALAS MURRAH"

b) Nome do estudante : KAMBLE SOURABH SHIVAJI

c) Nome e endereço de Presidente : B.R. Bhise
Diretor Adjunto de Investigação (Ciência Animal)
Marathwada Krishi Vidyapeeth
Parbhani - 431402 (M.S.) Índia.

d) Grau a atribuir : Mestrado (Agricultura)

e) Ano de atribuição do diploma : 2011

f) Assunto principal : Criação de animais e ciência dos lacticínios

g) Número total de páginas: na tese : 88

h) Número total de palavras: no resumo da tese : 277

i) Assinatura do estudante :

J) Assinatura, nome e Endereço da autoridade de expedição : **Dr. K.R. Mitkari**
Diretor do Departamento de A.H. e D.S. M.K.V., Parbhani

RESUMO

O impacto dos parâmetros climáticos na produção de leite das búfalas murrah foi investigado utilizando o registo mensal da produção de leite de 379 lactações de búfalas murrah, na exploração leiteira da Faculdade de Agricultura, Marathwada Krishi Vidhyapeeth, Parbhani, durante os anos de 1985 a 2009. Foram utilizadas análises de correlação e de regressão múltipla para investigar as várias fontes de variação da produção leiteira. Os partos das búfalas murrah não se distribuíram igualmente em todas as estações do ano. No entanto, o número máximo de partos ocorreu na estação do inverno (44,59%), seguida da estação das chuvas (31,40%) e da estação do verão (24,01%). A influência do fator ambiente no pico de produção de leite foi significativa (P < 0,01). Foi observado que o pico de produção de leite foi mais alto (7,80 + 0,16 litros) entre as búfalas paridas durante o inverno em comparação com a estação chuvosa (7,35 + 0,14 litros) e o verão (6,51 + 0,12 litros).

A influência da estação do parto na produção de leite e na duração da lactação também foi significativa. A maior produção de leite (1257,15 + 29,55 litros) e a maior duração da lactação (310,65 + 2,25) foram observadas entre as búfalas paridas durante o inverno. As búfalas paridas durante o inverno, a estação das chuvas e o verão tiveram, respetivamente, (1257,15 + 29,55 litros), (1088 + 18,41 litros) e (982,42 + 15,56 litros) de produção de leite. Observou-se que as búfalas paridas durante o inverno tiveram uma duração de lactação mais longa (310,65 + 2,25) dias. Ao mesmo tempo, as búfalas paridas na estação das chuvas e no verão apresentam uma duração de lactação mais curta (301,52 + 1,97 dias) e (293,12 + 2,35 dias) do que as paridas no inverno. Tanto a produção como a duração da lactação foram baixas nas búfalas paridas no verão, em comparação com as paridas na estação das chuvas e no inverno.

APÊNDICE -I

Variação das componentes do ambiente e dos diferentes índices no período 1985-2009

Sr. No.	Year	Max. Temp.	Min. Temp.	Max. Humidity	Min. humidity	THI
1	1985	33.53	20.13	75.53	39.87	73.75
2	1986	33.43	19.33	74.97	40.97	72.80
3	1987	34.10	20.27	68.80	41.27	72.07
4	1988	33.30	20.20	67.50	38.77	71.47
5	1889	32.57	19.77	69.30	38.17	72.93
6	1990	34.77	19.58	71.30	37.07	72.37
7	1991	33.33	20.03	70.40	41.77	72.3
8	1992	34.90	19.63	70.17	39.80	73.57
9	1993	34.00	19.17	71.90	40.17	73.21
10	1994	34.06	19.67	70.00	40.33	72.13
11	1995	34.27	19.93	69.50	38.10	73.20
12	1996	32.53	20.53	70.03	38.10	73.10
13	1997	33.37	20.20	71.53	38.40	74.30
14	1998	33.57	20.27	72.90	40.60	74.83
15	1999	33.23	19.22	70.87	41.33	71.71
16	2000	33.60	19.03	69.96	39.83	73.67
17	2001	34.17	20.20	68.07	40.33	72.94
18	2002	34.70	19.83	71.33	38.77	72.47
19	2003	34.40	20.30	71.27	41.73	73.00
20	2004	34.30	19.93	70.13	40.37	72.60
21	2005	33.77	18.67	71.73	42.37	72.37
22	2006	34.00	19.43	73.60	42.80	73.10
23	2007	34.20	18.70	70.67	39.30	72.77
24	2008	34.70	19.03	70.00	40.70	71.93
25	2009	34.67	19.03	68.97	39.13	73.20

APÊNDICE -II

**Médias mensais dos componentes ambientais no período de 1985
a 2009**

Months	Max. temp.	Min. temp.	Max. hum.	Min. hum.	Sunshine Hrs.	Wind velocity	THI
January	29.70	12.00	74.60	32.30	9.70	3.40	66.80
February	32.10	15.60	64.00	27.00	10.03	7.66	70.60
March	36.80	17.40	55.10	23.30	10.60	4.42	74.20
April	40.30	21.30	47.60	19.40	10.70	5.50	78.60
May	41.09	24.60	29.20	20.80	11.30	7.40	80.09
June	37.60	24.70	71.40	40.90	8.90	8.71	78.30
July	31.50	22.80	81.60	59.00	4.60	7.04	76.44
August	30.50	21.90	84.30	64.80	4.70	5.60	75.70
September	31.60	22.10	83.00	62.24	6.90	4.60	74.00
October	32.00	18.04	78.70	47.00	9.60	3.80	73.60
November	31.80	14.05	78.90	39.40	9.96	3.33	69.70
December	29.80	10.05	77.30	34.03	9.50	3.04	66.80

More
Books!

info@omniscriptum.com
www.omniscriptum.com
OMNIScriptum

Printed by Books on Demand GmbH, Norderstedt / Germany